시즈오카 일본 소도시 산책

시즈오카 일본 소도시 산책

시즈오카현, 기후현, 나고야, 이누야마의
역사·문화로 떠나는 여행

박병춘 지음

포르체

일본의 중심, 도카이 지방으로 떠나다

시즈오카현, 기후현, 아이치현은 일본 중부 지방의 '도카이東海'로 불리는 지역이다. 일본 열도의 정중앙에 위치한 도카이 지역은 예로부터 동일본과 서일본을 잇는 교통의 요충지였으며 천혜의 자연환경으로 각종 산업이 부흥해 온 곳이다. 특히 일본 역사 중 손꼽히는 인물이 많이 태어난 곳으로 유명하다. 한국에는 비교적 덜 알려져 있지만 관광명소도 매우 많다. 3개의 현 중 인구가 가장 많은 곳은 아이치현이지만, 이 책은 시즈오카현을 중심적으로 다루고 있다. 시즈오카에 살면서 느낀 시즈오카만의 매력을 전하고자 한다.

　시즈오카현静岡県은 일본에서 가장 높은 산인 후지산(해발 3,776m)과 가장 깊은 바다인 스루가만(수심 2,500m)을 동시에 품고 있는 신비한 땅이다. 땅의 꼭대기에서 최심부最深部까지의 낙차가

6,300m에 달하는 압도적인 스케일을 가지고 있다. 시즈오카현은 완구 산업과 악기 산업의 중심지다. '일본' 하면 가장 먼저 떠오르는 음식은 녹차와 마구로가 아닐까 싶다. 일본 최대의 녹차 생산지는 다름 아닌 시즈오카현이며, 전국 생산량의 약 40%를 책임진다. 일본인들은 '녹차'라고 하면 시즈오카, 시즈오카 하면 녹차를 떠올릴 정도다. 마구로는 일본인들이 가장 좋아하는 음식이다. 마구로를 가장 많이 어획하는 곳도 시즈오카현이다. 시즈오카현은 4개 면이 바다인 일본 내에서도 수산물 어획량이 가장 많은 곳이다.

　시즈오카현은 도쿠가와 이에야스의 땅이다. 그는 아이치현에서 태어났지만 유년기와 전성기, 말년을 모두 시즈오카현에서 보냈다. 시즈오카현은 그의 본거지였다는 면에서 역사적인 위상이 높다. 시즈오카현은 전국에서 손꼽히는 온천관광 지역이며 철도와 애니메이션 마니아들의 성지로도 유명하다. 또 시즈오카현은 일본인들이 가장 사랑하는 벚꽃이 가장 먼저 피는 곳이다. 이즈반도에 있는 아타미熱海와 카와즈河津의 벚꽃은 다른 지역의 벚꽃보다 한 달 이상 먼저 개화한다. 이처럼 시즈오카현은 일본의 47개 도도부현(都道府県, 광역자치단체) 중 인구수 10위(약 360만 명), 면적은 13위에 불과하지만 특별한 매력으로 가득한 곳이다.

기후현岐阜県은 일본의 알프스로 불리는 곳이다. 일본에서 3번째로 높은 호타카다케(해발 3,190m)를 비롯해 3,000m 급 고봉들이 솟아 있는 히다산맥의 땅이다. 기후현은 일본의 역사에서 정치적, 군사적으로 중요하게 인식되어 온 곳이다. 일본 전국 시대인 센고쿠 시대에 기후를 지배한 이는 오다 노부나가였다. 기후라는 이름도 노부나가가 그 당시에 지은 것이다. 기후현 기후시에 있는 기후성은 일본 최고의 고도를 자랑하는 성으로 전국통일의 야망을 품었던 노부나가의 본거지였다. 기후현의 타카야마시와 시라카와고는 세계적인 인지도를 가지고 있는 관광지이다. 그 밖에도 기후현은 '일본 3대 와규'로 불리는 히다규의 본고장이며 '일본 3대 명천'으로 불리는 게로 온천이 있는 곳이다.

아이치현愛知県은 47개 도도부현 중 4위에 해당하는 약 750만 명의 인구가 살고 있는 곳이다. 아이치현은 센고쿠 시대 3영걸戦国の三英傑인 오다 노부나가, 도요토미 히데요시, 도쿠가와 이에야스의 고향으로 유명하다. 아이치현의 현청 소재지인 나고야시는 일본 제3의 도시이며 일본 최대 기업인 토요타 그룹의 고향이다. 나고야는 특히 맛있는 로컬 푸드로 유명한 도시다.

이 책을 처음 집필할 때는 도카이 지역의 역사와 문화를 소개하는 교양서로 시작했다. 하지만 집필을 하면 할수록 도카이 지역의 명소들을 독자들에게 구체적으로 알려 주고 싶다는 생각이 들었다. 여행은 모름지기 아는 만큼 보이고, 아는 만큼 즐길 수 있다. 이 책으로 도카이 지역의 역사와 문화를 알고 방문한다면 더욱 즐겁고 의미 있는 여행이 될 것이다.

2023년의 봄, 박병춘

목차

시즈오카현

프라모델과 음악을 사랑한

시즈오카

반다이와 타미야의 고향, 시즈오카시

프라모델에 관심 있는 사람치고 반다이BANDAI라는 기업을 모르는
이는 아마도 없을 것이다. 반다이는 애니메이션 〈기동전사 건담〉
의 건담 프라모델, 일명 '건프라'를 생산하는 기업으로 잘 알려져
있다. 반다이는 본래 인형을 만드는 도쿄의 작은 섬유회사로 출
발했다. 1960년대 후반 반다이는 반다이는 플라스틱 완구업체였
던 이마이과학今井科學이라는 회사를 인수해 1971년 시즈오카에서
'반다이 모형'을 설립했다. 이것이 지금 우리가 알고 있는 반다이
의 모태가 된 회사다. 이후 반다이는 시즈오카시 시미즈구静岡市清

반다이 하비센터(Bandai Hobby Factory).
〒500-12 Naganuma, Aoi Ward, Shizuoka, 420-0813 일본

水区의 공장을 거점으로 플라스틱 완구의 개발과 생산에 몰두하며 오늘날에 이르렀다. 2006년 시즈오카시 아오이구靜岡市葵区에 새로 건립된 반다이 하비센터BANDAI HOBBY CENTER에서는 건프라의 개발에서 생산까지 모든 공정이 이루어지고 있다.

시즈오카시는 미니 모터카와 2개의 별 모양 마크로 유명한 프라모델 기업 타미야TAMIYA의 고향이자 본거지다. 타미야의 창업자인 타미야 요시오田宮義雄는 2차 세계대전 이전 시즈오카에서 운송업을 하고 있었다. 그러던 중 1945년 6월에 있었던 시즈오카 대공습으로 사업 기반을 잃고 다음 해 '타미야 상사합자회사'를 설

TAMIYA 본사
☎3-7 Ondabara, Suruga Ward, Shizuoka, 422-8022 일본
+81 54 283 0003

타미야의 제품들

립했다. 처음에는 목재를 이용한 선박이나 비행기 모형을 제작하다가 1960년대부터 플라스틱 모형을 만들기 시작했다. 1980년대부터 타미야의 미니 모터카와 RC카, 프라모델 등이 세계적으로 선풍적인 인기를 끌면서 우리나라에도 알려졌다. 현재는 주식회사 한국타미야를 비롯해 미국, 유럽, 홍콩, 필리핀에서 해외 법인을 운영하는 글로벌 기업이다. 여담으로 타미야의 별 모양 마크는 도쿄예술대학 디자인과에 다니던 창업자의 동생이 1960년대에 디자인한 것으로 왼쪽의 빨강별은 '정열'을 오른쪽의 파랑별은 '정밀'을 의미한다고 한다. 타미야의 오랜 라이벌 기업인 하세가와,

미니카 브랜드로 유명한 에브로, 목재 모형으로 유명한 우디조 등도 모두 시즈오카현에서 태동한 기업들이다.

모형완구업체들이 집결해 있는 시즈오카시는 전 세계 프라모델 산업의 핵심 도시이자 '모형의 세계수도模型の世界首都' 혹은 '프라모델의 성지'로 불린다. 시즈오카시의 프라모델 출하액은 일본 전국 출하액의 대부분을 차지한다. 일본완구협회의 발표에 따르면 일본의 완구 산업 규모는 2020년 기준 한화로 약 8~9조 원에 달하는 초거대 시장이다. 그중 시즈오카시를 연고로 하는 반다이

'모형의 세계수도'라는 글씨를 프라모델로 형상화 시킨 조형물. 뒤에 보이는 건물은 시즈오카 하비쇼가 개최되는 트윈멧세 시즈오카(ツインメッセ静岡)

남코BANDAI NAMCO 한 회사의 매출만 2조 원에 달한다. 참고로 반다이남코의 2020년 매출액은 세계 장난감 시장으로 시야를 넓혀봐도 1위인 덴마크의 레고LEGO 다음으로 크며 3위인 미국의 피셔프라이스Fisher-Price 매출액의 약 3배에 달한다.

시즈오카시에서 프라모델·모형 산업이 이토록 번성하게 된 것은 시즈오카시의 역사와 깊은 관계가 있다. 17세기 에도시대 당시, 쿠노잔토쇼쿠久能山東照宮의 건축과 시즈오카 센겐신사静岡浅間神社의 재건을 위해 슨푸(駿府, 시즈오카시의 옛 이름)에는 전국 각지의 목공, 조각사, 도장공 등 온갖 직인職人들이 모여 있었다. 특히 60여 년에 걸친 센겐신사의 조영 공사를 거치면서 직인들은 온난한 기후로 옻칠 작업에 적합했던 시즈오카시에 그대로 정착했다. 그들을 중심으로 시즈오카시에서는 칠기漆器를 비롯한 공예품과 정교한 목재 모형 산업이 발달하게 되었다. 그리고 20세기 전후 시대, 시즈오카의 목재 모형 제조업체들은 금형을 이용한 플라스틱 모형 산업으로 한 번 더 진화해 현재에 이르렀다. 에도 시대 공예품의 도시였던 '슨푸'가 현대로 넘어오며 프라모델의 도시 '시즈오카시'로 변모한 것이다.

시즈오카현의 대표적인 전통공예품
스루가타케센스지자이쿠(駿河竹千筋細工).

시즈오카 하비쇼*와 하비스퀘어

모형의 세계 수도, 프라모델의 성지답게 시즈오카에서는 프라모델 관련 이벤트가 많이 열린다. 그중 가장 유명한 것은 시즈오카 하비쇼静岡ホビーショー다. 1959년에 시작된 이 행사는 매년 5월에 시즈오카시에 있는 '트윈멧세 시즈오카'라는 곳에서 열린다. 시즈오카 하비쇼는 도쿄국제전시장에서 개최되는 전 일본 모형 하비쇼全日本模型ホビーショー보다 더 큰 규모를 자랑하는 일본 최대의 완구·프라모델 행사이다. 이 행사에는 시즈오카현의 완구업체들을 중심으로 전국의 완구업체 60여 곳 이상이 참가한다. 또한 세계 각국에서 프라모델 팬들과 바이어들이 몰려든다. 시즈오카 하비쇼 기간에는 행사장과 인접해 있는 타미야 본사에서도 다양한 행사를 진행한다. 개발 및 생산 현장 공개 이벤트인 '오픈 하우스'와 더불어 바자회, RC 체험 등이 유명하다.

　시즈오카시에서는 2010년부터 2011년까지 '시즈오카 하비페어模型の世界首都 静岡ホビーフェア'라는 행사를 개최한 적이 있다. 이 행

---

* 　시즈오카 하비쇼는 매년 5월 셋째 주 목요일부터 일요일까지 개최된다. 목요일과 금요일은 신제품 발표회 등 바이어를 대상으로 하는 행사이고, 토요일과 일요일은 일반 공개 행사이다.

시즈오카 하비쇼.

사는 지역 완구업체인 반다이, 타미야 등의 협력을 얻어 시즈오카 시의 프라모델 산업을 홍보하기 위한 프로젝트였다. 이 행사는 무려 160만여 명의 관광객을 유치하며 큰 성공을 거뒀다. 특히 인기를 끈 이벤트는 시즈오카시의 프라모델 기업들이 자사의 히트작들을 시대별로 전시한 '시즈오카 하비뮤지엄'이었다. 시즈오카 하비 페어가 종료된 뒤에도 시즈오카 하비뮤지엄에 대한 마니아들의 수요가 끊이지 않자 시즈오카시는 아예 시의 중심가에 상설 전시관을 개관하기로 했다. 그곳이 바로 시즈오카 하비스퀘어静岡ホビースクエア다. JR시즈오카역에서 도보로 5분 안에 갈 수 있는 이곳은 시즈오카 프라모델 업체들의 상설전시장과 이벤트 코너, 공식 매장 등이 들어서 있다. 이벤트 코너에는 미니카 전용 서킷이 있어서 타미야를 좋아하는 사람들에게 큰 인기가 있다.

시즈오카하비스퀘어(静岡ホビースクエア)

☎ 422-8067 静岡県静岡市駿河区南町18-1,
Southspot Shizuoka, 3F
11:00~18:00 (월 휴무)
+81 54 289 3033

오토바이와 자동차의 도시, 하마마쓰시

시즈오카현 하마마쓰시静岡県浜松市는 '기적의 땅'으로 불린다. 인구 80만 명에 불과한 이 도시에서 일본이 자랑하는 세계적인 모터바이크, 자동차 기업이 3개나 탄생했기 때문이다. 혼다HONDA, 스즈키SUZUKI, 야마하YAMAHA가 바로 그들이다. 스즈키와 야마하는 하마마쓰시와 이와타시를 비롯한 시즈오카현에 본사와 공장이 있다. 단, 혼다는 하마마쓰시에서 창업한 후 1953년 본사를 도쿄로 이전했다.

혼다는 하마마쓰시 출신의 창업자 혼다 소이치로本田宗一郎가 1946년 하마마쓰시에서 혼다기술연구소를 설립한 것이 시초다. 혼다는 현재 세계 오토바이 시장의 3분의 1을 점유하고 있는 세계

혼다 소이치로 기념관 외관.
☎ 431-3314 静岡県浜松市天竜区二俣町二俣1112

1위 오토바이 기업이자, 세계 5~10위권의 자동차 기업이기도 하다. 혼다 창업자의 고향인 하마마쓰시 북부 텐류강天竜川 인근에는 혼다의 역사와 초기 오토바이 모델 등을 전시해 놓은 혼다 소이치로 기념관本田宗一郎ものづくり伝承館이 있다.

오토바이와 자동차를 만드는 스즈키는 창업자 스즈키 미치오鈴木道雄가 1909년 하마마쓰시에서 시작한 기업이다. 현재 일본 경차 시장에서 다이하츠와 함께 가장 큰 점유율을 차지하고 있는 회사이다. 또한 오토바이 기업으로는 일본의 4대 바이크 브랜드(나머지는 혼다, 가와사키, 야마하) 중 하나다. 하마마쓰 시내에는 스즈키의 역사를 기록하고 전시한 스즈키 역사관이 있다.

야마하는 크게 오토바이를 만드는 '야마하 발동기 주식회사'와 악기를 만드는 '야마하 주식회사'로 나뉜다. 야마하는 창업자인 야마하 토라쿠스山葉寅楠가 1897년 하마마쓰시에서 시작한 기업이

혼다 소이치로 기념관 내부.

다. 야마하 발동기 주식회사는 1955년에 악기 제조 분야에서 분리되어 오토바이의 제조와 판매를 시작했다. 현재 세계 오토바이 시장에서 혼다 다음으로 높은 점유율을 차지하고 있다. 시즈오카현 이와타시磐田市에는 야마하의 모터사이클 갤러리인 '야마하 커뮤니케이션 플라자'가 있다.

야마하 커뮤니케이션 플라자 내부.
☎ 438-0025 静岡県磐田市新貝 2500

©Alexandre H. Sato. on flickr

음악의 도시, 하마마쓰시

하마마쓰시에서 탄생한 야마하 주식회사는 현재 전 세계 악기 시장의 약 5분의 1을 점유하고 있는 세계 최대의 악기 브랜드이다. 피아노를 필두로 야마하의 기타, 베이스, 드럼 등의 악기는 모두 세계적인 명성을 가지고 있다. 악기 브랜드 야마하의 시작은 창업자인 야마하 토라쿠스가 미국에서 들여온 오르간을 수리한 것이 시초였다고 한다. 참고로 야마하 주식회사는 악기 제조뿐 아니라 음악 교실, 스포츠용품 제조 등 사업 영역이 다양하기로 유명한 기업이다. 하마마쓰시에는 '야마하 이노베이션 로드'라는 야마하 악기 박물관이 있다.

야마하의 뒤를 잇는 세계적인 악기 브랜드들인 롤랜드Roland 와 가와이Kawai 역시 하마마쓰시에 본사를 두고 있다. 전자악기로 유명한 롤랜드는 오사카에서 탄생했지만 하마마쓰시에서 발전해 현재의 본사도 하마마쓰시에 있다. 가와이의 창업자 가와이 코이치河合小市는 야마하 토라쿠스와 같은 동네 출신이다. 1927년 하마마쓰시에서 '가와이 악기연구소'를 설립했으며 가와이의 본사 역시 하마마쓰시에 있다. 야마하, 롤랜드, 가와이는 모두 세계적인 명성을 가진 피아노 브랜드들로 이 세 회사의 피아노는 전부 시즈오카현에서 생산된다.

야마하 이노베이션 로드 박물관
(ヤマハ イノベーションロード)

☎430-0904 静岡県浜松市中区中沢町1 0-1
10:00~16:45 (일·월 휴무)
+81 53 460 2010

하마마쓰시는 1981년부터 '음악 도시 조성'을 목표로 시설물 건축과 콩쿠르 개최 등의 사업을 펼쳐왔다. 하마마쓰역 인근에 있는 액트시티ACT CITY 콘서트홀과 하마마쓰시 악기박물관 등이 시의 추진으로 만들어졌다. 하마마쓰시 악기박물관에는 세계의 악기 약 3,300점이 전시되어 있으며 체험 룸에서는 악기를 연주해 볼 수도 있다.

JR하마마쓰역에는 야마하와 가와이의 홍보 부스와 그랜드 피

하마마쓰시 악기박물관(浜松市楽器博物館).
☎430-0929 静岡県浜松市中区中央3丁目9-1

아노 등이 전시돼 있다. 조성진, 이혁 등 여러 한국인 수상자를 배출한 하마마쓰 국제 피아노 콩쿠르는 3년마다 열리는 명성 있는 콩쿠르다. 하마마쓰시는 2014년 세계 7번째이자 아시아에서는 최초로 '유네스코 창조도시 네트워크'의 음악 분야 가맹도시가 되었다.

JR하마마쓰역 내 야마하 부스.

JR하마마쓰역 내 가와이 부스.

시즈오카현   31

차나무로 차(茶)의 한자 모양을 만든 카케가와시 소재의 차밭.

눈과 입으로 즐기는

시즈오카

일본의 대표 녹차·와사비 산지

시즈오카현은 12세기부터 녹차를 생산해 온 것으로 알려진 일본 최대의 녹차 생산지다. 2020년 7월 기준 재배면적은 약 15,200ha(헥타르), 연간 생산량은 약 25,200t에 달한다. 우리나라 대표 녹차 생산지인 전남 보성군의 녹차 연간 생산량이 약 1,500t이니 그 규모가 어느 정도인지 짐작할 만하다. 시즈오카현에서는 어디서나 광활한 녹차밭을 볼 수 있고 가정에서도 차나무를 재배하는 경우가 매우 많다. 녹차 농업은 시즈오카현의 어느 도시에서나 활발하지만 마키노하라시牧之原市, 시마다시島田市, 카케가와시掛川

市는 현 내에서도 생산량이 특히 많은 곳이다.

시즈오카현에서는 다초장농법茶草場農法이라는 독특한 농법으로 차를 재배하는 곳이 많다. 이 농법은 차밭에 억새 등의 유기비료를 깔아 차의 맛을 좋게 하고 매년 풀을 깎으며 환경을 일정하게 유지하는 농법이다. 카케가와시에 있는 히가시야마東山는 다초장농법의 본고장으로 불리는 산이며, 산 일대의 녹차밭에서는 150년 이상 다초장농법을 고수해 오고 있다. 2017년, '시즈오카의 다초장농법静岡の茶草場農法'이라는 이름으로 세계농업유산에 등록되었다.

와사비 절임 발상의 비(わさび像).
☎420-0855 静岡県静岡市葵区駿府城公園1
슨푸성 해자 옆 위치

타다미이시식 와사비 재배.

시즈오카현은 일본 내에서 암 발생률이 가장 낮은 지역으로 알려져 있다. 그 원인 중 하나로 항암효과가 뛰어난 녹차를 즐겨 마시는 생활양식을 꼽는다. 일례로 나카가와네中川根 마을의 위암 발생률은 전국 평균의 약 20%밖에 되지 않는데, 이 지역 사람들은 하루 평균 5잔~10잔의 녹차를 마신다고 한다.

시즈오카현은 와사비를 일본에서 가장 먼저 재배하기 시작한 지역이다. 1600년경 시즈오카시 북부의 산간마을인 우토기有東木 주민들이 자연에서 자생하던 와사비를 맑은 물이 흐르는 곳에 옮겨 심어 기르기 시작한 것이 그 시초다. 그 후 와사비 재배는 시즈오카현 동부의 이즈반도伊豆半島를 비롯해 곳곳으로 확장되었다. 1600년대 초반 슨푸성駿府城에서 말년을 보내던 도쿠가와 이에야스는 와사비를 매우 마음에 들어 했다고 한다. 에도 시대 때 시즈오카에 머물던 조선통신사들에게 와사비가 제공되었다는 고문서 기록도 있다.

시즈오카현은 나가노현長野県과 함께 일본 최대의 와사비 생산지다. 오늘날의 와사비는 여러 품종이 있는데 일반적으로 우리가 알고 있는 일본산 와사비는 밭에서 재배하지 않고 맑게 흐르는 물을 이용해 재배하는 미즈와사비水わさび라는 품종이다. 시즈오카현 이즈시는 미즈와사비의 주요 생산지다. 1800년대 후반 이즈 지역에서 개발된 '타다미이시疊石'식 미즈와사비 재배법은 그 전통적 기법을 인정받아 2018년에 세계농업유산으로 지정되었다.

일본인이 사랑하는 마구로와 우나기 생산지

일본에서 수심이 가장 깊은 바다인 스루가만駿河湾을 면하고 있는 시즈오카현은 일찍부터 원양어업을 중심으로 한 수산업이 발달했다. 특히 시즈오카현은 일본인이 가장 사랑하는 마구로(まぐろ, 참다

마구로 통조림, 시즈오카시 시미즈
지역에서 만들어지는 참치캔의 일종.

랑어) 어획량 전국 1위를 자랑한다. 주요 원양어업 기지로는 시미
즈항淸水港, 야이즈항燒津港, 오마에자키항御前崎港 등이 있다.

　시즈오카는 마구로 어획량뿐 아니라 마구로 통조림을 전국에
서 가장 많이 생산해 '통조림 왕국'으로 불리기도 한다. 특히 시즈
오카시 시미즈항 인근에 참치 가공공장들이 밀집해 있다. 시미즈
항에는 수산물 매장과 식당들이 밀집한 카시노이치河岸の市 어시장
이 있다. 시즈오카를 방문하는 여행객들의 필수코스인 이곳은 참
치관まぐろ館과 시장관いちば館 2개의 건물로 나뉘어 있다. 참치관은
해산물 덮밥을 취급하는 식당들이 모여 있고, 시장관은 수산물 직
판장이 모여 있다.

　단일 어항으로 일본 전국에서 마구로의 어획량이 가장 많은
곳은 시즈오카현 야이즈시에 있는 야이즈항이다. 전국에서 잡히
는 마구로의 약 3분의 1이 야이즈항에서 잡힌다. 전체 어획 액수
도 2020년까지 5년 연속으로 전국 1위를 차지했다. 야이즈항의 주
요 어획 종으로는 마구로 외에 가다랑어, 다랑어, 고등어, 전어 등

시미즈 카시노이치 어시장
(清水魚市場 河岸の市)

☎ 424-0823　静岡市清水区島崎町149
9:30~17:30 (월 휴무)
+81 54 355 3575

시즈오카현의 산업 발전을 견인해 온 시미즈항 .

이 있다. 야이즈 시내에 있는 야이즈 사카나센터燒津魚センター는 카시노이치 어시장과 함께 시즈오카현을 대표하는 어시장이다.

일본은 복날에 우나기うなぎ, 우리말로 민물장어를 먹는다. 일본의 복날은 7월 말이며 '도요노우시노히土用の丑の日'라고 부른다. 일본인들이 여름의 더위를 극복하기 위해 우나기를 먹는 것은 만요슈(万葉集, 8세기경 쓰여진 일본에서 가장 오래된 노래집)에도 기록되어 있을 만큼 오래된 풍습이다. 하마마쓰시에 있는 둘레 114km의 하마나코浜名湖는 일본 우나기 양식의 발상지이자 최대 생산지이다. 하

야이즈 사카나센터(焼津魚センター)
신선한 어류와 수산식품들을 판매하는 직판장과 식당이 모여 있다.
〒425-0091 静岡県焼津市八楠4-13-7
+81 54 628 1137

마나코는 지진으로 생긴 일본 최대의 기수호[*]로 풍부한 영양과 높은 수온 등 최적의 우나기 양식 환경을 가진 곳이다. 이곳에서 엄

---

[*]   汽水湖, 바닷물과 민물이 섞인 호수.

하마나코의 모습.

격한 생산관리로 키운 우나기는 카스텔라처럼 부드럽고 맛이 고
소해 일반적인 우나기에 비해 가격이 몇 배는 높다. 하마나코 우
나기 양식에는 100년이 넘는 역사가 있으며 현재 '하마나코 우나
기浜名湖うなぎ'라는 이름은 브랜드화되어 있다. 우나기 요리는 후지
산 인근의 '물의 도시'인 미시마시三島市도 유명하다. 미시마시에서

는 후지산의 눈이 녹은 지하수에 우나기를 4~5일간 담가둔다. 그렇게 해서 진흙 냄새를 없애고 우나기 고유의 맛도 손상시키지 않는다고 한다.

시즈오카 여행을 다녀오는 사람들이 흔히 사는 특산물 중 우나기파이ウナギパイ가 빠질 수 없다. 우나기파이의 본거지는 하마마쓰시인데, 하마마쓰 시내에는 우나기파이의 제조공정을 견학할 수 있는 우나기파이 팩토리가 있다. 우나기파이에는 실제로 하마나코 우나기의 농축액이 들어간다고 한다.

©Kanesue. on flickr

장어요리 음식점 우나기 후지타
(うなぎ藤田 浜松店)

☎ 433-8113静岡県浜松市中区小豆餅3丁目21-12
10:00~17:30 (화·수 휴무) +81 53 482 1765

시즈오카현의 명물 우나기파이.

우나기파이 팩토리(うなぎパイファクトリー).
☎ 432-8006 静岡県浜松市西区大久保町748-51
10:00~17:30 (화·수 휴무)
+81 53 482 1765

시즈오카의 어부들이 사쿠라에비를 햇볕에 건조하는 모습.

사쿠라에비와 시라스의 고장

시즈오카를 상징하는 해산물에는 사쿠라에비桜えび와 시라스しら
す도 있다. 사쿠라에비는 스루가만의 심해에 서식하는 작은 새우
로 성체가 약 4cm 정도다. 물속에서는 투명한 몸통에 붉은 색소
를 품고 있다가 잡아 올렸을 때는 벚꽃 같은 색깔로 변한다고 해
서 붙은 이름이다. 일본에서는 스루가만에서만 어획되기 때문에
일본산 사쿠라에비는 100% 시즈오카산이다.

사쿠라에비의 어획이 처음 시작된 곳은 시즈오카시 시미즈
구에 있는 '유이由比'라는 마을이다. 1894년 유이의 한 어부가 아
지(アジ, 전갱이)를 낚으려고 내린 그물에 사쿠라에비가 함께 올라온
것이 시초라고 한다. 이후 이 작은 어촌마을은 사쿠라에비를 상징
하는 곳이 되었다. 어획 시기에는 유이항由比港에서 한정 판매되는
생生사쿠라에비 덮밥이나 사쿠라에비튀김 덮밥을 먹기 위해 전국
에서 관광객이 모여든다. 유이에서는 매년 5월 3일에 사쿠라에비
축제를 열고 있다.

유이에는 '쿠라사와 아지(倉沢アジ, 쿠라사와 전갱이)'라는 또 다른
특산물이 있다. 2010년부터 브랜드화가 이루어진 쿠라사와 아지

는 쿠라사와 정치망*으로 어획되어 붙은 이름이다. 일반적인 전갱이는 계절에 따라 일정 경로를 이동하는 회유어지만 쿠라사와 아지는 정착해 생활하는 독특한 어류다. 그래서 '뿌리내린 전갱이根付きのアジ'라고도 부른다. 먹이가 풍부한 스루가만의 해저에서 성장하는 쿠라사와 아지는 일반 전갱이보다 체형이 통통하고 지방이 많으며 크기는 두 배 이상이다. 쿠라사와 아지의 주 먹이는 사쿠라에비다. 쿠라사와 아지는 맛은 탁월하지만 구하기가 어려워 '환상의 전갱이'로 불린다. 7t의 전갱이를 어획했을 때 쿠라사와 아지는 평균 20마리 정도만 포함된다고 한다. 유이항에서 잡힌 쿠라사와 아지는 희소성으로 인해 어시장에서 비싼 값에 팔려나간다.

일본어로 시라스しらす란 까나리, 정어리, 눈퉁멸, 장어, 청어 같은 생선의 치어를 총칭하는 말이다. 이들은 몸에 색소가 없고 하얀 빛깔을 띠는 공통점이 있다. 여러 생선 중에서도 특히 정어리의 시라스를 가장 많이 식용으로 쓴다. 일본 내 어장은 이세만伊勢湾과 스루가만이 대표적이다. 어획량은 효고현이 1위, 스루가만의 시즈오카현이 2위를 나타낸다. 시라스는 시즈오카현의 여러 항구에서 볼 수 있지만 그중에서도 모치무네항用宗港과 유이항이 유명하다. 시라스는 신선하지 않으면 날것으로 먹기가 어려운데, 모

---

* 定置網, 한곳에 쳐 놓고 고기 떼가 지나가다가 걸리도록 한 그물.

치무네항 주변에는 갓 잡아 올린 시라스를 날것으로 듬뿍 얹은 덮밥을 판매하는 가게들이 많다.

유이에 있는 사쿠라에비 거리.

©PooWho. on flickr

스루가만의 특산물 중 하나인 시라스.

시즈오카의 B급 구루메 이야기

B급 구루메(B級グルメ)란 비교적 저렴한 가격에 즐길 수 있는 서민 음식과 그것을 즐기는 행위를 의미하는 일본식 용어이며, 비슷한 의미로 고토우치구루메ご当地グルメ라는 단어가 있다. 일본에서는 지역의 산업과 문화를 활성화하는 활동을 마치오코시町興し라고 부르는데, B급 구루메는 마치오코시의 대표적인 소재다. 시즈오카현에는 3개의 유명한 B급 구루메가 존재한다. 후지노미야시富士宮市의 '후지노미야 야키소바', 시즈오카시의 '시즈오카 오뎅', 그리고 하마마쓰시의 '하마마쓰 교자(만두)'가 그것이다.*

시즈오카현의 동쪽, 후지산 아래에 위치한 후지노미야시富士宮市는 야키소바의 마을로 유명하다. 간단한 볶음면인 야키소바는 일본 어디에서든 먹을 수 있는 서민 음식이지만 후지노미야의 야키소바는 일반적인 야키소바와 재료와 조리법이 조금 다르다. 우선 수십 년 동안 지정된 제면소의 면만을 사용해 면발이 일정하

---

* 그 밖에 후지에다시의 아사라(朝ラー), 몰로키아를 사용하는 스소노시의 물만두인 스이교자(水餃子), 고급 어종인 만새기를 서핑보드 모양으로 튀겨내 빵 속에 넣는 오마에자키시의 나미노리 버거(波乗リバーガー)도 시즈오카현의 B급 구루메들이다.

다. 그리고 돼지고기의 지방을 튀겨낸 '니쿠카쓰肉かす'라는 독특한 재료가 들어간다. 완성된 면 위에는 고등어와 정어리를 말려 빻은 가루를 뿌려 먹는 것도 특징이다. 오징어, 닭고기 혹은 시즈오카의 명물인 사쿠라에비를 넣기도 한다.

후지노미야 야키소바는 B급 구루메를 활용한 마치오코시의 대표적인 성공 사례로 꼽힌다. 후지노미야 야키소바의 역사는 태평양 전쟁으로 거슬러 올라간다. 당시 후지노미야 지방에서 소집된 병사들은 만주로 파견되는 경우가 많았다. 종전 후 후지노미야 시내에는 철판요리를 취급하는 가게들이 많이 생겨났는데 그중에서도 야키소바는 중국식 볶음면에 익숙했던 귀환 병사들에게 특히 인기가 많았었다고 한다. 이후 후지노미야 야키소바는 B-1그랑프리에서 2차례 우승하며 전국적인 유명세를 얻었다. 2022년에는 '100년 푸드'*로 선정됐다.

야키소바가 후지노미야시에 가져다준 경제적 효과는 수백억 엔으로 추정된다. 후지노미야 야키소바라는 이름은 상표로 등록되었으며, 마을에서는 '후지노미야 야키소바 학회'까지 운영하고 있다. 후지노미야 야키소바 점포를 운영하려면 학회의 강습회에 참가해 조리법부터 후지노미야시의 문화와 역사까지 배워야 한다.

TIP
'B-1 그랑프리'란?

2006년에 시작된 'B-1 그랑프리'는 일본의 지역 활성화를 위한 이벤트 중 하나로 전국 각지의 B급 구루메를 활용한 마치오코시의 일종이다. 이 이벤트는 '사랑 B리그(愛Bリーグ)'라는 애칭으로도 불린다. 사랑을 뜻하는 일본어가 '아이(愛)'이기 때문에 일본어 발음으로는 아이B리그가 된다. 이 행사는 매년 수십만 명의 관광객을 유치해 지역 경제 활성화에 기여하고 있다. 개최지는 매년 변경되며, '그랑프리'라는 이름답게 전국 각지의 B급 구루메가 출품되는데 관광객들이 각각 맛을 본 뒤 투표를 해 순위를 결정한다.

---

* 정부산하 행정기관인 문화청(文化庁)이 전국 각지의 전통 식문화를 발굴해 향후 100년간 보존, 계승해 나가는 것을 목표로 진행하는 사업이다.

JR후지노미야역(富士宮駅).

후지노미야 야키소바 가게들이 모여 있는 골목, 오미야 요코쵸.
☎418-0067 静岡県富士宮市宮町4-23
10:00~18:00 +81 544 25 2061

일본 오뎅은 뜨거운 국물에 어묵, 소 힘줄, 곤약, 무, 계란, 감자, 유부 등의 부재료를 넣은 냄비 요리다. 전국에서 먹는 음식이긴 하지만 시즈오카시의 오뎅은 일반적인 오뎅과 재료도 다르고 먹는 방법도 다르다. 오뎅의 국물은 일반적으로 가쓰오부시(가다랑어를 쪄서 발효시킨 후 말려 빻은 것)와 다시마로 우려내지만 시즈오카에서는 소 힘줄, 닭 뼈, 돼지 곱창 등으로 우려낸다. 거기에 진한 간장을 첨가해 오랫동안 끓인 검고 진한 국물은 시즈오카 오뎅만의 특징이다.

국물에 들어가는 재료인 네타ㅊㅈ도 특별하다. 정어리와 전갱

©Yuichi Kosio. on flickr

시즈오카의 명물인 쿠로한펜.

검은 국물이 특징인
시즈오카 오뎅.

©Kiyonobu Ito. on flickr

52

이를 뼈째 갈아 넣어 만든 쿠로한펜黑はんぺん이라는 검은색 어묵과 유부 속에 여러 가지 재료를 넣은 시노다마키しのだ巻는 다른 지역에서는 볼 수 없는 구성이다. 또한 모든 네타를 대나무 꼬챙이에 꽂아 국물 속에 빽빽이 넣어 두는 것 역시 시즈오카 오뎅만의 특징이다. 다른 지역에서는 꼬챙이에 꽂지 않고 국물에 넣는 경우가 많다. 또한 오뎅을 먹을 때 정어리를 말려 가루로 만든 케즈리부시けずりぶし와 파래 가루를 섞은 다시코나だし粉라는 특별한 가루를 듬뿍 뿌려 먹는 것도 시즈오카 오뎅만의 독특한 방식이다.

오뎅은 겨울철에 먹는 음식이라는 이미지가 강하지만 시즈오카에서 오뎅은 사시사철 먹는 음식이다. 여름철 수영장 등지에서 오뎅을 팔기도 하는데 여름철 매출이 겨울철 매출보다 큰 가게도 많다. 이처럼 다른 지역과는 차별화된 특징을 가진 시즈오카 오뎅은 하나의 고유명사나 마찬가지다. 최근에는 '시즈오카'의 발음을 줄여 '시조카 오뎅しぞーかおでん'이라는 애칭으로 불리고 있으며 이역시 100년 푸드로 선정되었다.

《だもんで静岡おでん》이라는 책 내용에 따르면 시즈오카 오뎅의 역사는 전후시대로 거슬러 올라간다. 당시 아오바 공원青葉公園 거리에는 오뎅과 술을 파는 포장마차가 줄지어 있었다고 한다. 시즈오카 시민들은 퇴근길에 오뎅과 함께 술 한 잔을 기울이는 것을 낙으로 삼고 살았다. 하지만 1968년 즈음 도시개발로 인해 오뎅을 팔던 포장마차들은 대부분 철거돼 자취를 감추었다. 그중 일부 가게가 장소를 이전해 오뎅 장사를 계속했고 오늘날까지 이르렀다고 한다. 현재의 JR시즈오카역 인근에 있는 아오바 오뎅가이青葉おでん街와 아오바 요코쵸青葉横丁가 바로 그곳이다. 시즈오카 시에서는 매년 3월에 시내 중심가인 아오바 심벌로드青葉シンボルロード에서 '시즈오카 오뎅 마츠리'를 개최하고 있다.

*놓치지 말아야 할 오뎅 맛집 명소

시즈오카 오뎅가게가 밀집한 아오바 오뎅가이와 아오바 요코쵸는 JR시즈오카역에서 도보 15분 거리에 있다. 두 곳 모두 오후 5시 이후에만 영업하므로 낮 시간에는 굳이 갈 필요가 없다.

하마마쓰시의 B급 구루메인 하마마쓰 교자浜松餃子는 하마마쓰만의 차별화된 교자를 지칭하는 고유명사다. 하마마쓰는 일본 전국에서 교자 소비량 1, 2위를 다투는 지역이고 그만큼 소문난 맛집도 많다. 일본의 만두 속은 배추와 부추가 들어가는 것이 일반적이지만 하마마쓰에서는 양배추, 양파, 돼지고기를 사용해 감

① 아오바 오뎅가이(青葉おでん街)

〒420-0034 静岡県静岡市葵区常磐町2丁目3-6
16:30~00:00

② 아오바 요코쵸(青葉横丁)
'아오바 거리 사이 골목'을 뜻하는 이름으로, 아오바 오뎅가이 맞은편에 있다.

칠맛이 좋고 더 산뜻하다. 수십 개의 교자를 접시에 동그랗게 배열하고 가운데에 데친 숙주를 올려놓고 교자와 함께 먹는 방식은 하마마쓰 교자의 대표적인 특징이다. 또한 하마마쓰 교자는 대부분 군만두다.

하마마쓰 교자의 역사는 후지노미야 야키소바의 역사와 비슷하다. 태평양 전쟁 이후 중국에서 하마마쓰로 귀환한 일본 병사들이 중국에서 먹어 본 만두를 재현한 것에서 유래되었다. 만두는 밀가루와 야채 등 비교적 저렴한 재료로 만들 수 있기 때문에 물자 부족에 시달리던 당시 서민 음식으로 자리 잡을 수 있었다고 한다. 하마마쓰 사람들은 교자에 대한 자부심이 대단히 크며 하마마쓰시에서는 매년 '하마마쓰 교자 마쓰리'를 개최하고 있다. 게다

하마마쓰 교자.

가 '하마마쓰 교자'라는 이름을 붙이려면 2가지 조건을 충족시켜야 한다. 첫째로 교자를 만드는 사람이 3년 이상 하마마쓰에 거주한 적이 있어야 한다. 둘째로 하마마쓰 시내에서 만들어져야 한다.

과일의 왕국 시즈오카

시즈오카현은 일본 최대의 멜론 생산지이다. 재배면적은 물론 수확량과 출하량 모두 전국 1위로 '멜론의 땅'이라 해도 과언이 아니다. 하지만 시즈오카산 멜론은 수확량보다는 최상급 품질로 더 유명하다. 멜론이 유럽에서 일본에 처음 전해진 시기는 1925년경이다. 시즈오카현의 농부들은 일찍이 멜론의 귀족적인 풍모를 알아보고 고급 과일로 육성하기 시작했다. 고도의 생산기술을 축적해 고품질의 멜론을 만들어낸 시즈오카현의 농부들은 귀족마케팅으로 일본 상류층을 공략했다. 그래서인지 예나 지금이나 일본에서 '시즈오카 멜론'이라고 하면 쉽게 먹을 수 없는 최고급 과일이라는 이미지가 굳건하다.

시즈오카 멜론은 일반적인 비닐하우스가 아닌 '쓰리쿼터Three-Quarter형 온실'이라는 전용 유리온실에서 재배된다. 유리온실 안의 멜론들은 모두 일정한 양의 태양 빛을 받도록 재배 침대가 계단형으로 배치되어 있다. 멜론은 민감하고 섬세한 식물이기 때문에 유리온실에서는 계절과 날씨에 따라 매일 흙의 수분과 온도를 조절한다. 그리고 모든 멜론이 동일하게 적당한 양분을 흡수하며 자랄 수 있도록 한 그루에 단 하나의 멜론만 키운다.

이렇게 생산되는 시즈오카 멜론은 기본적으로 모두 고급품이지만 그 안에서도 후지富士, 야마山, 시로白, 유키雪 등급으로 나뉜다. 최상급인 후지는 그 품질 기준이 매우 엄격해 1,000개 중 1개가 나올까 말까 한다. 그만큼 가격도 무시무시해 개당 한화 40만 원 전후에 이른다. 후지 등급을 제외하면 두 번째 야마 등급이 실질적인 최고 등급으로 알려져 있다. 야마는 고급 과일 가게나 백화점 등에서 최고급 멜론으로 판매되는 명품 과일로, 개당 가격은 20만 원을 훌쩍 뛰어넘는다. 세 번째인 시로 등급은 시즈오카 멜론의 약 60%를 차지해 생산량이 가장 많으며 역시 고급 선물용 과일로 사랑받고 있다. 마지막 등급인 유키는 외관상 흠이 있어 그대로 먹기도 하지만 주로 가공품의 재료로 사용된다.

약 16만 원짜리 시즈오카산 멜론.

시즈오카 멜론이 재배되는 유리온실 내부.

시즈오카 멜론이 재배되는 유리온실 외부.

시즈오카현은 딸기도 유명하다. 시즈오카시의 해안도로인 국도 150호는 수 킬로미터 가까이 딸기농장 비닐하우스들이 밀집되어 있어 '딸기 해안도로いちご海岸通り'라고 불린다. 특히 이 해안도로에서는 '이시가키(石垣, 돌담)'라 불리는 시즈오카현만의 고유한 방식으로 딸기를 재배한다. 이것은 산 아래쪽 경사면에 돌담을

시즈오카시의 딸기 해안도로 이정표.

쌓아 그 사이에 모종을 심고 태양의 강한 복사열을 이용하는 촉성
재배법이다. 이렇게 키워진 딸기를 '돌담 딸기'라는 뜻의 '이시가
키이치고石垣いちご'라고 부른다. 시즈오카현의 농업가들은 아키히
메章姫, 베니홋페紅ほっぺ, 키라피카きらび香라는 3가지 딸기 품종을
개발했다. 이 중 가장 유명한 아키히메는 과실이 크고 길쭉하며
신맛이 적고 당도는 매우 높은 품종이다. 딸기 해안도로에 있는
딸기농장들은 1월부터 5월 사이에 일제히 딸기 따기 행사인 '이치
고가리いちご狩り'를 진행한다. 이치고가리 행사에 참여하면 농장
안의 비닐하우스를 통째로 내주고 이시가키 방식으로 재배된 아
키히메 딸기를 마음껏 따 먹을 수 있다.

시즈오카현은 귤 재배도 활성화되어 있다. 시즈오카현의 귤
생산량은 일본 내 세 손가락 안에 들지만 가장 일반적인 운슈温

이시가키 방식의 딸기 비닐하우스와 아키히메.

州 품종으로 예를 들면 수확량이 전국 1위다. 또한 일본의 자몽 대부분이 시즈오카현 하마마쓰시에서 재배되며, 오렌지의 품종 중 하나인 네이블 오렌지의 생산량도 시즈오카현이 전국 1위다.

카케가와시에는 일본 최대급 키위 농장인 키위 후르츠 컨트리 재팬キウイフルーツカントリーJapan이 있다. 이곳에서는 일정한 금액을 내면 여러 품종의 키위를 마음껏 먹을 수 있다. 하마마쓰시에는 도쿄 돔 9개 크기의 초대형 과수원인 하마마쓰 후르츠파크 토키노스미카はままつフルーツパーク時之栖가 있다. 이곳에서는 연간 약 14종의 제철 과일 따기 체험 활동을 할 수 있다. 이외에도 가족끼

애니메이션으로 상품화한
누마즈시의 쥬타로 귤.

키위후르츠컨트리재팬.
☎436-0012 静岡県掛川市上内田2040
+81 53 722 6543

리 함께 테마파크 시설을 이용하거나 글램핑을 즐기고 내부 와이너리에서 와인 공장을 견학할 수 있다. 시즈오카현이 이처럼 과일의 왕국이 된 것은 풍부한 자연과 온난한 기후, 충분한 일조량 등 과일 재배에 최적의 환경을 갖추고 있기 때문이다.

하마마쓰 후르츠파크 토키노스미카.
☎ 431-2102 静岡県浜松市北区都田町4263-1
9:00~18:00
+81 53 428 5211

©浜松・浜名湖ツーリズムビューロー

후지산과
도쿠가와 이에야스의 땅,

시즈오카

후지산, 신앙의 대상이자 마음의 고향

열도의 중앙에 솟아 있는 후지산은 시즈오카현의 다섯 지역과 야마나시현의 두 지역에 걸쳐 있는 고도 3,776m의 일본 최고봉이다. 후지富士라는 어원에 관해서는 여러 가지 설이 존재하지만 아직까지 정설로 받아들여지는 것은 없다. 다만 '富士山'이라는 현재의 표기는 7세기 시즈오카의 중부와 북동부를 걸친 지방 국가였던 스루가국駿河国에서 정착되었다고 보는 견해가 일반적이다. 예로부터 일본인들은 후지산 정상에 신이 살고 있다고 생각했다. 후

©tawatchai07. on Freepik

지산에 대한 고대 한자 표기 역시 不二(오직 하나뿐임), 不盡(다함이 없음), 不死(죽지 않음) 등이 있었는데 한결같이 '영원'을 상징하는 것들이다.

화산 활동이 활발하던 시대의 후지산은 등산이 불가능했기 때문에 정상을 바라보며 신앙심을 품고 절하는 행위, 바로 요배遙拜의 대상이었다. 그로 인해 산기슭 주위로 후지산을 신앙의 대상으로 삼는 신사들이 생겨났는데 이러한 신사들을 센겐신사浅間神社라고 한다. 후지산 신앙은 일본에 불교가 전래된 후 일본의 토

후지산과 신칸센. 시즈오카의 상징이자 일본의 상징이다.

착 신앙과 불교가 융합된 신불습합神仏껢合의 형태로 정착되었다. 시간이 흐르고 화산 활동이 줄어듦에 따라 사람들은 후지산에 오르기 시작했다. 신앙심을 가지고 후지산에 오르는 행위를 등배登拜라고 부르며 등산로라는 말 대신 순례로巡礼路라는 용어를 사용한다.

후지산은 북쪽으로 308km 떨어진 후쿠시마현, 동쪽으로는 198km 떨어진 치바현, 서쪽으로는 322km 떨어진 와카야마현에서도 조망된다. 그런데도 일본인들은 지역과 무관하게 자신이 살고 있는 지방의 최고봉, 혹은 후지산과 비슷한 모양을 가진 산들에 '후지'라는 이름을 붙여왔다. 그래서 일본 전국에 '후지'라는 이름이 붙은 산은 약 400곳이 넘는 것으로 알려져 있다.

장엄한 후지산의 경관은 예로부터 많은 예술작품의 모티브가 되었다. 후지산 내의 신앙 유적, 등산로, 후지산 주변의 호수와 신사 등의 문화재들은 '후지산: 신앙의 대상이자 예술 창작의 원천(Fujisan, sacred place and source of artistic inspiration)'이라는 이름으로 2013년 유네스코 세계문화유산으로 등재되었다. 여기에는 후지산을 포함해 총 25건의 구성 자산이 있다. 그 중 후지산역富士山域은 총 9건이다. 후지산역에 포함되는 9건 중에는 산 정상에 있는 신앙 유적들과 등산로 4곳이 포함된다. 후지산역 외 구성자산 중에는 후지산을 영산靈山으로 섬기는 후지산 주변의 신사들이 다수 포함되어 있다. 그중에서도 후지노미야시에 있는 후지산혼구센겐타이샤富士山本宮浅間大社는 일본 전국에 있는 약 1,300여 개 센겐신사의 총본사이다.* 이 신사는 후지산을 신앙하는 참배객들이 전국에서 찾아오는 곳이다. 신사 내에 있는 와쿠타마 연못湧玉池은 후지산의 용수**로 생긴 연못이다. 참고로 후지산혼구센겐타이샤는 앞서 소개한 후지노미야 야키소바 골목의 바로 맞은편에 있다.

그 외에도 후지산의 용수나 지형과 관련된 자연도 세계문화유산에 다수 포함되어 있다. 대표적인 것이 후지고코***와 시라이토노타키白糸の滝, 미호노마츠바라三保の松原 등이다. 시라이토노타키는 폭포수가 흰색 실처럼 보인다고 해서 붙여진 이름이다. 이들은 예로부터 후지산과 함께 회화나 전통 전형시인 와카和歌의 소재가 되어 온 것들로 예술의 원천으로서의 성격을 가지고 있다. 후지고코의 하나인 모토스호수本栖湖는 일본의 천 엔 권 지폐 뒷면에 그려져 있는 호수다.

후지산과 바다, 그리고 울창한 소나무 숲을 한 번에 조망할

---

* 시즈오카현에는 전국의 센겐신사를 대표하는 2곳의 신사가 있다. 후지노미야시에 있는 후지산혼구센겐타이샤(富士山本宮浅間大社)와 시즈오카시에 있는 시즈오카센겐진쟈(静岡浅間神社)다.

** 湧水, 후지산에 내린 비와 눈이 지형에 스며들어 여과되면서 지하수가 되어 지표에 흐르게 된 물

*** 후지5호수(富士五湖)는 모토스호수(本栖湖), 쇼우지호수(精進湖), 사이호수(西湖), 가와구치호수(河口湖), 야마나카호수(山中湖)이다.

후지산혼구센겐타이샤.
⊞ 富士宮市宮町1-1 6:00~19:00 +81 54 427 2002

와쿠타마 연못.

세라이트노타키의 모습

간다강 후레아이 광장(神田川ふれあい広場)

혼구센겐타이샤 바로 옆에 있는 광장. 아기자기한 강과 벚꽃 나무,
그리고 후지산의 풍경이 어우러지는 아름다운 공원이다.

☎ 418-0067 静岡県富士宮市宮町2-19

모토스호수(本栖湖).
☎ 409-3104 山梨県南巨摩郡身延町中ノ倉

수 있는 미호노마츠바라三保の松原는 시즈오카시를 대표하는 경승
지다. 시즈오카시 시미즈구에 속해 있는 미호반도三保半島의 동쪽
끝에 펼쳐져 있는 해변가인 이곳은 약 3만 그루의 소나무 숲과 바
다 사이로 후지산과 이즈반도를 조망할 수 있는 절경으로 유명하
다. 또한 홋카이도의 오누마大沼 호수, 오이타현의 야바耶馬 협곡과
함께 '일본신3경日本新三景'으로 불리며 국가명승지로 지정되어 있
다.

　미호노마츠바라는 예로부터 신성한 장소로 여겨져 왔다. 일
본인들은 바다를 영원한 이상 세계와 연결되는 존재로 생각했다.
미호의 소나무 숲은 신의 세계(후지산과 바다)와 세속의 경계점이라
고 믿었다. 즉 미호노마츠바라를 신과 인간이 만나는 장소로 인식
했던 것이다. 후지산과 미호노마츠바라는 약 45km 떨어져 있지
만 일본인들의 마음속에는 일체의 존재로 각인돼 왔다.

　미호노마츠바라에는 후지산에서 선녀가 내려왔다는 하고로

미호 해변의 초입에 있는 하고로모노마츠.

모(羽衣, 선녀의 옷) 전설이 전해진다. 일본 각지의 선녀설화는 선녀에게 매료된 인간이 선녀의 옷을 숨겼다가 선녀를 신부로 삼는다는 줄거리가 일반적이다. 하지만 미호노마츠바라의 전설은 자신의 욕망에 부끄러움을 느낀 인간이 선녀의 옷을 돌려주고 선녀는 아름다운 춤을 추며 후지산으로 돌아간다는 줄거리다. 여기에는 신

과 인간이 연결되는 장소로 여겨진 미호노마츠바라의 특징이 나타나 있는 것이다. 미호 해변에는 선녀가 내려와 의복을 걸었다는 하고로모노마츠(羽衣の松, 선녀 옷의 소나무)가 있다. 근처의 미호신사三保神社에는 선녀 옷의 끝단이 보존되어 있다.

　　미호노마츠바라의 주차장과 해변 입구 사이에는 미호시루

미호노마츠바라 해변.
☎ 424-0901 静岡県静岡市清水区三保1338-45
+81 54 340 2100

베みほしるべ라는 건물이 있다. 이곳은 미호노마츠바라의 역사와 가치를 관광객들에게 소개하기 위해 세워진 전시관이다. 내부에는 전시실과 영상 상영관을 비롯해 관련 자료들이 전시되어 있다. 이곳에서 먼저 학습을 하면 미호노마츠바라의 매력을 더욱 깊이 느낄 수 있다.

조선통신사의 흔적, 세이켄지와 삿타토게

17세기 초 도쿠가와 이에야스德川家康는 임진왜란을 일으킨 도요토미 히데요시豊臣秀吉의 세력을 물리친 후 조선에 수차례 국교 정상화를 요청했다. 그리고 조선이 그 요청을 받아들여 1607년 통신사들의 첫 번째 일본방문이 성사되었다. 이후 약 200여 년간 12차례의 일본 방문 중 10차례나 시즈오카를 거쳤다고 한다. 그래서 시즈오카에는 조선통신사들의 흔적이 곳곳에 남아 있다. 그중에서도 가장 유명한 장소가 바로 통신사들이 숙소로 사용했던 세이켄지清見寺라는 절이다.

현재의 시즈오카시 시미즈구 오키츠静岡市清水区興津에 있는 이 절은 후지산과 스루가만의 풍광을 조망할 수 있는 해안가에 건립

세이켄지.
☎ 424-0206 静岡県静岡市清水区興津清見寺町418-1
8:30~16:00 +81 54 369 0028

된 아름다운 사찰이다. 679년에 세워진 세이켄지는 '조선통신사
유적'으로 일본의 국가사적에 등록되어 있다. 이 절은 당시 오키나
와현의 독립 왕국인 유구국琉球國의 사신을 비롯해, 국빈을 접대하
는 장소로 사용되었다.

　특히 이 절은 이에야스가 각별히 사랑했던 장소다. 그는 어
린 시절 이 절에서 스승 타이겐 셋사이太原雪斎 밑에서 공부를 했
다. 지금도 세이켄지에는 당시 그가 사용했던 책상 등이 남아 있
다. 권력을 쥔 이후 그는 세키가하라 전투 등 중요한 전투 때마다
세이켄지에서 묵었고 도쿠가와 막부의 수장, 쇼군將軍이 된 뒤에

는 절의 후견인을 자처했다. 조선과의 화친을 중요하게 생각했던 그는 이 절에서 조선통신사들을 극진히 대접한 것으로 알려져 있다. 최고의 산해진미를 대접하는 한편 절 앞바다에 자신의 호화로운 배를 다섯 척이나 띄워 뱃놀이를 시켜주었다고 한다.

　세이켄지에는 통신사들이 남긴 글씨와 그림들이 다수 소장되어 있어 '조선통신사 박물관'으로 불린다. 절의 입구에는 1711년 8번째 통신사의 통역관이었던 현덕윤이 쓴 '동해명구東海名区'라는 현판이 걸려 있다. 동해명구란, '동쪽 바다에 있는 아름다운 곳'을 뜻한다. 불전에 걸려 있는 '흥국興國'이라는 글씨는 6번째 통신사 조형이 에도막부가 흥하기를 바라는 의미로 쓴 것이라고 한다. 11번째 통신사 일행과 함께 시즈오카에 간 화원 김유성은 세이켄지의 풍광이 강원도 양양의 낙산사와 비슷하다고 말했고, 이 말을 들은 세이켄지 주지의 요청으로 낙산사와 금강산의 절경을 여섯 폭의 수묵화로 그려주었다고 한다.

세이켄지의 입구에 걸려 있는 '동해명구' 현판

세이켄지 경내. 조선통신사들이 지은 시의 편액들이 전시되어 있다.

조선통신사들은 슨푸(시즈오카시)에서 휴식을 취한 뒤 최종 목적지인 에도(도쿄)로 가야 했다. 그런데 슨푸에서 에도로 가려면 낙석으로 인명 피해가 잦은 고개를 통과해야 했다. 에도막부는 조선통신사들의 안전한 이동을 위해 고개의 중턱에 우회 길을 만들었는데 이곳이 바로 현재 시즈오카시 시미즈구의 오키츠역과 유이역 사이에 있는 삿타토게薩埵峠라는 고개이다. 옛날부터 이 고개는 후지산과 스루가만 해안가가 환상적으로 조망되는 절경으로 유명했다. 이곳은 특히 야경이 유명해 해질녘이 되면 지금도 카메라맨들이 모여든다.

에도 시대 우키요에 화가인 우타가와 히로시게는 삿타토게의 절경을 그림으로 남겼는데 고속도로와 국도, 철도가 교차하는 현재의 풍경과 비교해 보는 재미가 있다. 이 그림의 제목은 〈도카이도고쥬산츠기·유이슈쿠東海道五十三次·由比宿〉이다. 에도 시대 때 도쿠가와 이에야스는 전국을 관통하는 총 5개의 간선도로 정비 사업을 추진했는데 그 중 교토와 에도를 잇는 500km 가량의 도로 이름이 도카이도東海道였다. 그래서 '도카이도고쥬산츠기'는 도카

삿타토게에서 바라본 후지산과 스루가만,
그리고 고속도로.

이도 위에 설치된 53개의 슈쿠바 *를 소재로 한 우키요에 연작 시리즈 이름이고, 그 중 유이슈쿠由比宿는 16번째 작품이다. 유이에 있는 유이혼진 공원由比本陣公園 안에는 우타가와 히로시게의 미술관인 도카이도 히로시게 미술관이 있다.

도카이도고쥬산츠기 유이슈쿠. 삿타토게의 경치를 묘사한 히로시게의 그림이다.

---

* 宿場. 여행객에게 숙박 및 편의를 제공하던 장소다. 주로 경치가 좋은 장소에 있어 우키요에, 와카의 소재로 많이 등장했다.

시즈오카시 시미즈구 유이에 있는 유이혼진 공원.
☏ 421-3103 静岡県静岡市清水区由比297-1
9:00~17:00 (월 휴무)
+81 54 375 5166

통신사들의 흔적은 현재의 시즈오카시 도심 한복판에도 남
아 있다. JR시즈오카역 부근에 있는 호타이지는 에도막부가 통신
사들의 휴게소로 제공했던 장소다. 1381년에 창건된 이 절은 이에

호타이지(宝泰寺)
조선통신사들의 휴게소였던 사찰.
☎ 420-0858 静岡県静岡市葵区伝馬町12-2
+81 54 251 1312

야스의 본거지였던 슨푸성에서 도보 15분 거리에 있다. 막부 시대 조선통신사들은 이 절에 총 여섯 번 방문했다. 조선통신사의 일본 방문 400주년이던 2007년에는 이 절에 '통신사평화상야등通信使平和常夜燈'이라는 석등이 건립되었다. 왼쪽의 사진에 보이는 이 석등은 경기도 여주 고달사지 쌍사자 석등을 모델로 만들어졌으며 석재는 경상북도 영주의 화강암을 사용했다. 또한 석등 내부의 불은 히로시마 원폭화原爆火를 점화한 것이다. 이 석등은 한일 양국의 선린우호와 함께 세계평화를 기원하는 의미로 만들어졌다.

이에야스의 영욕이 담겨 있는 곳,
슨푸성과 하마마쓰성

현재의 JR시즈오카역 인근에 있는 슨푸성은 시즈오카시와 도쿠가와 이에야스를 상징하는 대표적인 장소다. 슨푸성은 본래 시즈오카시의 전신이라 할 수 있는 스루가국의 영주 가문이었던 이마가와 가문의 저택이었다. 이에야스의 아버지가 권력 다툼에서 밀려난 나머지 이에야스는 권력 다툼에서 밀린 아버지로 인해 이마가와 가문의 인질이 되어 이곳에서 12년(8세-19세)의 유년 시절을 보냈다. 치욕의 세월을 딛고 훗날 일본을 통일한 이에야스는 3남인 히데타다에게 쇼군 지위를 물려주고 다시 슨푸성으로 돌아와 말년을 보냈다.

슨푸성과 해자의 모습.
☎ 420-0855 静岡県静岡市葵区駿府城公園1-1
9:00~16:30 (월 휴무)
+81 54 221 1121

슨푸성은 에도 시대 초기 오오고쇼 정치*의 중심지였고, 이후에도 슨푸번駿府藩의 번청으로 사용되었다. 조선통신사들이 일본에 방문했던 1607년에는 대대적인 확장공사가 진행되어 현재의 모습으로 완성되었다. 특히 1610년에 완성된 누각인 천수대天守台의 크기는 무려 68m×61m로 일본 성곽 사상 최대 규모였다. 이에야스가 에도에서 기거하던 에도성江戸城의 천수대 크기(45m×41m)보다 훨씬 더 큰 규모로 만들어진 것이다. 천수각**은 1635년에 있었던 화재로 소실되었으나 성곽과 성벽, 해자, 출입문 등은 현재까지도 잘 보존되어 있다. 현재 슨푸성의 내·외곽은 슨푸성 공원駿府城公園으로 정비되어 시즈오카 시민들의 휴식처로 이용되

---

* 　大御所政治, 은퇴한 쇼군이 여전히 강력한 영향력을 행사하는 것을 뜻한다.

** 　성터의 여러 건축물 중 가장 크고 높은 중심적인 건축물.

슨푸성 공원의 모미지야마 정원
(紅葉山庭園)
에도 시대 일본의 중심지. 이에야스의 성.
☎420-0855 静岡県静岡市葵区駿府城公園1-1
상시 개방
+81 54 221 1121

슨푸성 주변의 해자와 석벽 주변으로 만개한 벚꽃.

고 있다. 특히 성곽 주변의 해자와 석벽은 벚꽃 명소로도 유명하다.

　　슨푸성 공원 안에 있는 모미지야마 정원紅葉山庭園은 후지산, 차밭, 미호노마츠바라 등 시즈오카시의 경승지를 모티브로 조성된 정원이다. 또한 성곽 주변의 해자에서는 목조 유람선 체험도 할 수 있다. 현재 슨푸성 공원 바로 옆에는 시즈오카현청静岡県庁 건물 3개 동이 들어서 있다. 그 중 가장 고층 건물인 별관 21층에는 전망 로비가 있다. 이 전망로비에서는 시즈오카 시내는 물론, 날씨가 좋은 날에는 후지산과 스루가만을 멋지게 조망할 수 있다.

하마마쓰시에 있는 하마마쓰성浜松城 역시 슨푸성과 더불어 시즈오카와 이에야스를 상징하는 성이다. 본래 이마가와 가문의 성이었으나 이에야스가 1570년경에 확장해서 지은 성이다. 이후 17년 동안 하마마쓰성은 전국 통일의 기반을 다진 이에야스의 거점으로 사용되었다. 특히 하마마쓰성은 통일을 이뤄낸 이에야스를 비롯해 이후의 성주들이 모두 에도막부의 요직에 등용되었다 하여 '출세성出世城'으로 불린다. 현재는 슨푸성과 마찬가지로 일대가 하마마쓰성 공원浜松城公園으로 정비되어 있다. 현재 천수각 내부는 자료실로 사용되고 있으며 이에야스 시대의 갑옷, 무구, 그림 등이 전시되어 있다.

슨푸성 공원 바로 옆에 있는 시즈오카현청 건물.
☎420-8601 静岡県静岡市葵区追手町9-6
8:30~17:15 (공휴일 휴무) +81 54 221 2455

©cotaro70s

하마마쓰성.
📮 430-0946 静岡県浜松市中区元城町100-2
8:30~16:30 +81 53 453 3872

동쪽을 비추는 궁, 쿠노잔토쇼구

도쿠가와 이에야스는 약 1,000년간 이어져 온 교토京都 중심의 서일본西日本 시대를 끝내고 지금의 도쿄인 에도 중심의 동일본東日本 시대를 열었다. 그는 도쿄를 중심으로 꽃 핀 현대 일본 문화의 상징적인 인물로 여겨진다. 그는 1616년 세상을 떠나기 전 자신이 죽으면 쿠노잔久能山에 유골을 묻으라는 유언을 남겼다. 현재 시즈오카시 스루가구에 위치한 쿠노잔에 있는 쿠노잔토쇼구久能山東照宮가 바로 이에야스의 무덤이 있는 곳이다. 이에야스는 자신이 죽으면 시신을 쿠노잔에 묻되 1년 뒤에는 닛코日光로 이장하라는 유언을 남겼다. 현재 토치기현 닛코시에 있는 닛코토쇼구日光東照宮가 이장된 이에야스의 유골이 묻혀 있다고 알려진 곳이다. 그러나 이에야스의 사후, 발굴조사가 이루어진 적이 없어 그의 유골이 실제로 닛코로 이장되었는지는 정확하지 않다. 토쇼구東照宮란 '동쪽을 비추는 궁'이라는 의미로 이에야스를 기리는 일본 전국의 신사에 공통적으로 붙는 말이다.

현재 일본의 국보로 지정되어 있는 쿠노잔토쇼구를 건축한 사람은 에도 시대 초기 일본 최고의 건축가로 이름을 날린 나카이 마사키요中井正清였다. 그는 이에야스에게 절대적인 신뢰를 받으며 에도성, 슨푸성, 나고야성, 교토고쇼와 같은 역사적인 건축물들을 만들었다. 그리고 이에야스가 죽은 직후 2대 쇼군이 된 도쿠가와 히데타다徳川秀忠의 명을 받아 쿠노잔토쇼구의 건축을 담당했다. 마사키요는 당시 최고의 건축기술을 집약해 1년 7개월 만에 쿠노 잔토쇼구를 완공했다. 이에야스가 죽은 바로 다음 해인 1617년의 일이었다. 그리고 마사키요 자신도 2년 뒤 숨을 거뒀다.

쿠노잔토쇼구 정상에 있는 이에야스의 무덤.

쿠노잔토쇼구는 본래 스루가만 해안가에서 1,159개 참도*의 계단을 올라가야 했으나 현재는 쿠노잔 인근에 있는 니혼다이라에서 로프웨이를 타고 갈 수 있다. 쿠노잔토쇼구가 있는 쿠노잔은 예로부터 성스러운 산으로 여겨졌다. 쿠노잔에 있었던 절, 쿠노지久能寺는 아득하게 보이는 바다 저편으로 극락을 비는 관음신앙의 성지로 유명한 사찰이었다.

한편 시즈오카 시내 중심가에는 에도 시대 마지막 쇼군이었던 도쿠가와 요시노부德川慶喜의 저택 터인 후게츠로浮月楼가 있다. 현재 후게츠로의 정원과 저택 터는 일반에 공개되어 있으며 정원 내에는 고급 연회장과 레스토랑이 운영되고 있다.

---

* 参道, 신사 내부로 향하는 신사 주변의 도로를 뜻한다.

후게츠로 (浮月楼)
에도 시대 마지막 쇼군 도쿠가와 요시노부의 저택 터.
☎420-0852 静岡県静岡市葵区紺屋町11-1
+81 54 252 0131

쿠노잔토쇼구.
☎422-8011 静岡県静岡市駿河区根古屋390
+81 54 237 2438

일본 제일의 명승지, 니혼다이라

일본을 대표하는 명승지인 니혼다이라日本平는 시즈오카시 스루가구와 시미즈구 경계에 있는 우도산有度山의 정상과 그 일대를 일컫는 말이다. '니혼다이라'라는 명칭은 에도 시대 말기의 인물인 기시 타다요시貴志忠美의 사생화에 처음 등장했다. 〈스루가미야게壽留嘉土産〉라는 이름의 채색 그림은 우도산에서 바라본 후지산과 스루가만을 묘사하고 있는데 그림 한 켠에 "1854년 2월 17일 '日本平'에서 사생寫生"이라고 기술되어 있다.

니혼다이라는 이후 도쿠토미 소호德富蘇峰라는 인물에 의해 본격적으로 알려지기 시작했다. 근대 일본의 대표 저널리스트였던 그는 후지산을 아름답게 조망할 수 있는 니혼다이라를 '천하의 절경'으로 칭하며 대중에게 소개했다. 그는 니혼다이라에서 동서남북으로 조망되는 절경 위치를 선정해 음망대吟望台, 망옥대望嶽台, 종수대鐘秀台, 초연대超然台라는 이름을 짓고 1935년에 각각 이름을 새긴 석주를 세웠다.

니혼다이라에서는 스루가만과 후지산뿐 아니라 이즈반도와 북쪽으로는 3,000m 대 고봉이 줄지어 있는 아카이시산맥赤石山脈도 조망할 수 있다. 참고로 아카이시산맥은 '남알프스南アルプス'라고도 부르며 후지산에 이어 일본에서 두 번째로 높은 산인 키타

다케北岳가 있다. 니혼다이라의 아래쪽으로는 시미즈구의 마을과 시미즈항이 펼쳐지는데 야경이 그야말로 환상적이다. 1950년에 마이니치신문사 '일본 국내 관광지 100선' 1위, 1980년 요미우리 신문사의 '일본 관광지 100선 콩쿠르'에서 1위를 하는 등 니혼다이라는 일본인이라면 누구나 일생에 한 번쯤은 가 보고 싶어 하는 장소가 되었다. 1959년에 국가명승지로 지정되었고 2016년에는 일본야경유산으로 지정되었다.

니혼다이라 음망대. 멀리 스루가만과 후지산의 실루엣이 보인다.
☎ 424-0886 静岡県静岡市清水区草薙
상시 개방 +81 54 334 2828

니혼다이라로 올라가는 산길에도 관광명소가 있다. 초입에는 60년 전통을 자랑하는 니혼다이라 동물원이 있다. 정상이 가까워지면 니혼다이라 호텔日本平ホテル이 나오는데 2개 층을 연결해 놓은 거대한 통유리 너머로 니혼다이라의 절경을 감상할 수 있는 곳이다. 호텔 바로 위에는 시즈오카산 녹차의 시음과 판매를 하는 녹차회관과 주차장이 있다. 거기서부터가 본격적인 니혼다이라라고 보면 된다. 녹차회관에서 조금만 더 걸어 올라가면 우도산 정상이다. 정상 부근에는 전시공간과 카페, 전망회랑이 설치된 니혼다이라 유메테라스(日本平夢テラス, 꿈의 정원)라는 건물이 있다. 이곳에서는 니혼다이라를 중심으로 동서남북에 펼쳐지는 풍경을 감상

할 수 있다. 인근에 쿠노잔토쇼구로 갈 수 있는 니혼다이라 로프
웨이日本平ロープウェイ 승강장이 있다.

니혼다이라와 쿠노잔을 연결해 주는
니혼다이라 로프웨이.

니혼다이라 유메테라스에서 바라 본
후지산과 스루가만.
☎424-0886 静岡県静岡市清水区
9:00~17:00 +81 54 340 1172

시즈오카의 깊은 매력, 오쿠시즈

시즈오카현은 일본 내에서도 손꼽히는 자연환경을 가진 곳이다. 시즈오카시의 경우 인구의 95%가 사는 남부 시가지 면적은 시 전체 면적의 20%에 불과하다. 면적의 80%를 차지하는 중부와 북부는 산과 계곡, 강으로 이루어져 있다. 이 지역을 오쿠시즈奧静라고 부른다. '깊은 시즈오카'라는 뜻이다. 이곳에서 시즈오카시 전체 인구의 5%만이 느린 시간의 흐름 속에 전통적 삶의 방식을 유지하며 살아가고 있다.

©keyaki, on flickr

| 산악지대를 통과하고 있는 오오이가와 철도.

오쿠시즈 지역에는 와사비와 차를 재배하는 논밭이 있고 강과 계곡이 있으며, 유서 깊은 온천과 전통적 방식으로 음식을 만드는 가게들이 있다. 무엇보다 인심 좋은 주민들이야말로 오쿠시즈의 최고 매력이다. 오쿠시즈는 크게 네 구역으로 나뉘는데 그중 오오이강大井川의 상류부인 오쿠오오이奧大井 구역은 남알프스의 현관문으로 불린다. 이 지역을 통과하는 산악 협곡 열차인 오오이가와 철도大井川鉄道는 대단히 유명하다.

오쿠시즈 두 번째 지역은 오쿠와라시나奧藁科 구역이다. 와라시나강藁科川의 상류부인 이곳은 시즈오카녹차의 시조로 알려진 쇼이치코쿠시聖一国師의 연고지이다. 그가 1200년대 후반 송나라

우메가시마 온천호텔 바이쿤로. 우메가시마 온천마을 버스 정류장 앞에 있다.

에서 가져온 차의 종자를 고향인 이곳에 가져와 심은 것이 시즈오카 녹차 재배의 시작이었다. 유노시마 온천湯ノ島温泉이라는 이름난 온천도 있다. 세 번째 아베오쿠安倍奥 구역은 아베강安倍川의 상류부로, 와사비 재배의 발상지로 유명하다. 또한 1,700년 역사의 온천마을인 우메가시마 온천마을梅ヶ島温泉街이 있다. 마지막으로 오쿠시미즈奥清水 구역이다. 오키츠興津강 상류인 이곳은 양질의 녹차 산지로 잘 알려진 지역이다.

TIP
우메가시마 온천마을(梅ヶ島温泉街)

일정에 여유가 있다면 시즈오카시의 오쿠시즈(奥静)에 해당하는 우메가시마 온천 지역을 방문해 보자. JR시즈오카역에서 버스로 2시간 정도 소요되며, 자동차로 가면 훨씬 빨리 이동할 수 있다. 하지만 산간 지역이라 도로가 경사지고 종종 안개가 끼기 때문에 운전에 주의가 필요하다.

버스 이동 방법
JR시즈오카역앞(静岡駅前) 버스 정류장에서 시즈테츠 버스 '우메가시만온천행(梅ヶ島温泉行)' 탑승 후 종점 우메가시마 온천입구(梅ヶ島温泉入口)에서 하차.

추천 온천장
코가네노유(黄金の湯): 우메가시마 지역의 초입에 위치한 대형 온천 시설.
☎421-2301 静岡県静岡市葵区梅ヶ島5342-3
+82 54 269 2615

★오쿠시즈 지역 관광에 대한 자세한 정보는 오쿠시즈 공식 홈페이지(https://www.okushizuoka.jp)에서 확인할 수 있다.

유메노츠리바시(夢のつり橋).
스마타 협곡의 코발트색 호수 위에 있는 놓여진 90m의 흔들다리.

낭만과 열정의 도시, 시즈오카

일본의 대표 온천 관광지

시즈오카현은 온천의 나라 일본에서도 원천源泉 수 전국 3위, 온천 숙박 시설 수 전국 1위, 온천 숙박객 수 전국 1위를 자랑하는 온천의 왕국이다. 시즈오카현의 동부, 중부, 서부 순으로 유명한 온천을 몇 군데 살펴보자.

시즈오카현 동부에 위치한 이즈반도는 시즈오카현 전체 원천 약 2,500개 중 약 2,300개가 있는 곳이다. 이즈반도 북동쪽에 위치한 아타미시熱海市는 연간 약 300만 명이 찾아오는 일본 최대 온천마을 중 하나다. 아타미시에만 약 250개의 원천이 있으며 염화물 온천이 절반 이상을 차지한다. 원천을 따라 수백 개의 온천욕장과 료칸(여관), 호텔 등이 밀집해 있다. 인접한 해안가에는 '아타미 선비치'라는 아름다운 해변이 있다. 이 해변의 화려한 야간 조명과 불꽃 축제는 아타미를 상징하는 풍경이다. 아타미시는 1950~60년대 일본에서 가장 인기 있는 신혼 여행지이자 온천 여행지였다. 70년대 경제성장 시대에는 연간 숙박자가 450만 명을 돌파하기도 했다. 80년대 버블 시대에는 고소득자들이 아타미에 온천이 딸린 자택을 두고 신칸센으로 도쿄에 통근하는 경우가 굉장히 많았다고 한다. 현재는 과거만큼의 영광은 찾아볼 수 없지만 여전히 일본에서 가장 인기 있는 온천마을로 그 명성을 유지하고 있다.

아타미시의 아름다운 선경.

아타미 선비치 해변.
⌖Higashikaigancho, Atami, Shizuoka 413-0012 일본

　　이즈반도 중앙의 이즈시伊豆市에 위치한 슈젠지 온천마을修善
寺温泉街도 유명하다. 이즈반도에서 가장 역사가 깊은 온천마을인
이곳은 마을에 흐르는 가츠라강桂川 주변으로 온천욕장과 음식점
들이 줄지어 있다. 강을 따라 조성되어 있는 대나무 숲도 아름답

슈젠지 온천마을. 가츠라강과 사진 중앙의 돗코노유가 보인다.
〠410-2416 静岡県伊豆市修善寺838-1 修善寺総合会館

다. 가츠라강의 중앙 부근에는 슈젠지 온천이 시작된 곳으로 전해

지는 돗코노유独鈷の湯라는 노천 족욕탕이 있다. 이곳에는 다음과

같은 전승이 전해진다.

　"헤이안 시대 초기였던 807년, 불교 사상가 구카이(空海, 시호는

'홍법대사')는 슈젠지 마을을 방문했다. 가츠라강에서 병든 아버지의

몸을 씻기는 소년을 발견한 구카이는 소년의 효심에 감동해 '강물

이 너무 차갑지?'라는 말을 건네고 들고 있던 지팡이로 주변의 바위를 쳤다. 그러자 바위들이 깨지면서 영험한 온천물이 솟아났고 그 물로 몸을 씻은 소년의 아버지는 오랜 병을 고칠 수 있었다."

이후 슈젠지 마을은 요양온천으로 널리 이름이 알려지게 되었다. 돗코노유 인근에는 구카이가 소년의 아버지를 치료한 그 해에 창건한 슈젠지修禅寺라는 절이 있다. 또한 돗코노유 인근에 있는 와사비 아이스크림 가게들도 유명하다.

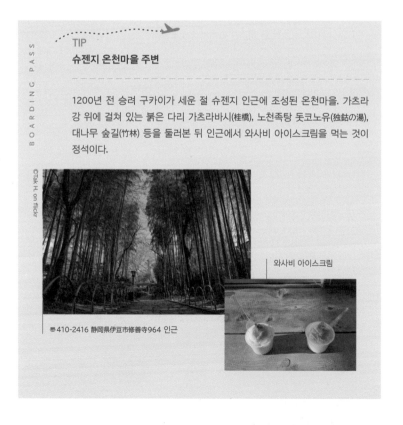

TIP
슈젠지 온천마을 주변

1200년 전 승려 구카이가 세운 절 슈젠지 인근에 조성된 온천마을. 가츠라강 위에 걸쳐 있는 붉은 다리 가츠라바시(桂橋), 노천족탕 돗코노유(独鈷の湯), 대나무 숲길(竹林) 등을 둘러본 뒤 인근에서 와사비 아이스크림을 먹는 것이 정석이다.

☏410-2416 静岡県伊豆市修善寺964 인근

와사비 아이스크림

이즈반도 최남단의 시모다시下田市도 온천으로 유명한 곳이다. 바다를 면하고 있는 이 도시의 해변가 온천들은 특히 석양이 아름답게 조망되는 것으로 유명하다. 이즈반도에 이처럼 온천이 많은 이유는 과거에 화산 활동이 활발했기 때문이다. 온천뿐 아니라 화산 활동으로 인해 생겨난 산과 호수, 폭포와 원생림이 매우 유명하다. 2018년에는 유네스코 세계지질공원에 지정되었다. 또한 아름다운 해변이 많기로도 유명하다.

시즈오카현 중부에도 좋은 온천이 많다. 특히 시즈오카시 북쪽 오쿠시즈 지역의 온천이 유명하다. 남알프스 지역의 아카이시 온천南アルプス赤石温泉, 우메가시마 온천梅ヶ島温泉 등이 그들이다. 또한 스마타쿄 온천寸又峡温泉도 명소 중의 명소이다. 다만 이들은 모두 깊은 산 속에 위치해 접근이 수월치는 않다. 한국에서 단기로 여행을 온 여행자들이라면 시즈오카 시내 중심가에서 가까운 대형 온천 시설에 가보는 것도 좋다. 쿠노잔토쇼구 인근에 위치한

시즈오카 시내에 위치한 온천 리조트 리버티 리조트 쿠노잔의 입구.
☎422-8013 静岡県静岡市駿河区古宿294
11:00~22:30 +81 54 204 1310

©浜松・浜名湖ツーリズムビューロー

'리버티 리조트 쿠노잔'은 대형 온천 리조트 시설이다. 노천온천만 테마별로 4~5개를 갖추고 있고 식당, 휴게실, 놀이터 등이 완비되어 있어 가족 단위로 놀러 가기에도 좋은 곳이다.

시즈오카현 서부는 하마마쓰시의 하마나코浜名湖 호수 연안에 있는 칸잔지 온천마을館山寺溫泉街 마을이 대표적이다. 이 마을에는 약 20여 개 안팎의 온천료칸이 있다. 인근에는 하마마쓰 플라워파크, 하마나코 파루파루, 하마마쓰시 동물원 같은 관광지들이 있다. 온천마을의 맞은편에는 하마나코 호수를 사이에 두고 오오쿠사산大草山이 솟아 있다. 하마나코 호수 수면 위로 온천마을과 오오쿠사산을 이어주는 길이 723m의 칸잔지 로프웨이도 유명하다.

오오쿠사야마에서 바라본 전경.
빌딩들이 보이는 곳이 칸잔지 마을이다.

철도 마니아들의 성지, 오오이가와 철도

일본에서는 증기기관차를 'Steam Locomotive'의 머리글자를 따 'SL열차'라고 부른다. 애니메이션 〈은하철도 999〉에 등장하는 기차를 떠올리면 된다. 일본에서 SL열차를 운행하는 곳은 몇 군데 있지만 그 대부분은 관광목적의 테마열차다. 상시로 운행하는 '진짜' SL열차를 보유한 곳은 시즈오카현 시마다시島田市에 있는 오오

카나야역(金谷駅).

이가와 철도 주식회사大井川鐵道株式会社가 유일하다. 오오이가와 철도는 전후 시대 자취를 감췄던 SL열차의 동태보존*을 일본에서 처음 시도한 회사다. 1976년에 SL열차를 부활시킨 이후 현재까지 1년에 평균 300일 이상 운행하고 있다. 오오이가와 철도는 오오이가와본선大井川本線과 이카와선井川線이라는 2개의 노선을 운영하고 있다. 그 중 시마다시의 카나야역金谷駅에서 출발해 센즈역千頭

---

* 열차가 실제로 움직일 수 있는 상태로 보존하는 것을 뜻한다.

©keyaki, on flickr

오오이가와 철도 이카와선의 열차.

駅까지 운행하는 본선에서 SL열차가 사용된다. SL열차의 수리나 점검 기간에는 1950년대의 전기기관차를 부활시킨 'EL열차'가 운행된다.

센즈역에서 출발해 남알프스 지역으로 향하는 이카와선의 열차는 일본 유일의 애프트식 철도Abt system railway로 매우 유명하다. 애프트식 철도란 급경사를 오르내리기 위해 레일 중간에 톱니바퀴를 추가로 설치해 놓은 방식으로 전 세계의 산악협곡 열차에 쓰이는 방식이다. 실제로 이카와선은 일본에서 가장 급한 경사를 오르내리는 노선으로 남알프스애프트라인南アルプスあぷとライン이라는 애칭으로도 불린다.

센즈역.

철도 마니아들의 성지로 불리는 오오이가와 철도는 험준한 산속을 달리는 진기한 노선과 아름다운 풍경으로도 유명하다. 이 카와선의 차창 밖으로는 절경이 이어진다. 이카와선이 출발하는 센즈역은 해발 299.8m의 고지대로 이곳을 출발한 열차는 오오이 강의 흐름을 따라 산등성이를 꿰매듯이 느린 속도로 달린다. 그리 고 노선의 3분의 1을 차지하는 터널과 교량을 통과하며 남알프스 의 거친 산악지대로 들어간다. 스마타 협곡寸又峽을 지난 열차는 해발 396m의 애프트이치시로역アプトいちしろ駅에 도착한다. 그리 고 열차는 다음 역인 나가시마댐역長島ダム駅으로 가기 위해 애프

셋소쿄의 협곡 위에 있는 오쿠오오이코조역의 전경.

트식 톱니바퀴를 이용해 일본 최고의 경사면을 올라간다. 나가시마댐의 장관이 지나가면 다음에는 최고의 비경역으로 불리는 오쿠오오이코조역奧大井湖上駅이 기다리고 있다. 오오이강 상류에 있는 셋소쿄接岨峽 호수 위의 협곡에 만들어진 이 역은 세계에서 가장 특이한 장소에 있는 기차역 중 하나로 손꼽힌다. 특히 단풍 시즌에는 이 역으로 들어가는 빨간색 교량인 '레인보우브릿지'와 빨간색 열차가 단풍과 어우러져 붉은색의 장관을 이루어 낸다.

　열차는 이후 셋소쿄온센역接岨峽温泉駅을 지나 오모리역尾盛駅에 도착한다. 오모리역은 일본에서 가장 고립된 기차역 중 하나로 꼽히는 역이다. 역으로 통하는 도로가 없으며 역원도 상주하지 않는 무인역無人駅으로 오직 이카와선의 철도로만 접근이 가능한 곳이다. 오모리역을 떠난 열차는 다음 역인 간조역閑蔵駅으로 가기

오쿠오오이코조역의 역사. 역무원이 한 명 있다.
〒428-0402 静岡県榛原郡川根本町犬間

위해 일본에서 가장 높은 철도 교량인 세키노사와関の沢 교량을 건넌다. 이 교량은 오오이강 위로 무려 70.8m에 있는 아찔한 다리다. 간조역을 지나면 열차는 마침내 종착역인 이카와역에 도착한다. 이카와역의 고도는 무려 해발 686m에 이른다. 서울의 수락산 정상(638m)보다 더 높은 곳에 기차역이 있는 셈이다.

오오이가와 철도 외에도 시즈오카현에는 철도 마니아들 사이에 유명한 몇몇 로컬 열차가 있다. 그 중 하나는 후지시富士市에 있는 가쿠난 전차岳南電車다. 후지시는 일찍이 제지공업이 발달해 공장이 많이 들어서 있는 곳이다. 가쿠난 전차는 후지시의 제지공장들 사이로 10개의 정거장, 약 9.2km를 편도 20분에 달리는 레트로 감성의 소형전차이다. 어느 역에서나 후지산이 조망되며 주변 공장들의 야경을 감상할 수 있는 야경전차도 운행된다. 일본 전국

©浜松·浜名湖ツーリズムビューロー

텐류후타마타역.
☎431-3311 静岡県浜松市天竜区二俣町阿蔵114-2

후지시의 가쿠난 전차.

©hans-johnson_ on flickr

에서 철도로서는 유일하게 '야경유산'에 등록되어 있다.

　카케가와시에서 출발해 하마마쓰시 북부와 서부 지역을 횡단하는 총연장 약 68km의 로컬열차인 텐류하마나코 철도天竜浜名湖鉄道도 유명하다. 하마나코 호수와 하마마쓰시의 전원 풍경을 아름답게 감상할 수 있는 철도이다. '텐하마선天浜線'이라는 약칭으로도 불린다. 본사가 있는 텐류후타마타역天竜二俣駅은 80년 역사를 가진 역사驛舍로, 하마나코 철도 견학 투어를 할 수 있다.

일본 대표 소설 《곤지키야샤》와 《이즈의 무희》의 배경, 이즈반도

'돈과 사랑'이라는 주제를 다룬 조중환의 소설 《장한몽》은 메이지 시대의 일본 작가 오자키 고요尾崎紅葉의 소설 《곤지키야샤金色夜叉》를 번안한 것이다. 장한몽에서 변심한 심순애를 이수일이 달래는 곳으로 설정된 장소는 대동강 변이다. 원작인 《곤지키야샤》에서는 그 장소가 이즈반도에 있는 아타미 해변으로 설정되어 있다. 현재의 '아타미 선비치熱海サンビーチ'이다. 아타미 선비치의 해변 산책로에는 오자키 고요의 비석과 원작의 주인공을 현현한 '칸이치

©Izu navi. on flickr

칸이치와 미야의 동상. 변심한 미야를 칸이치가
밀어내는 모습을 형상화했다.
☎413-0012 静岡県熱海市東海岸町 12-45

이즈시 유가시마에 있는 《이즈의 무희》 동상.

와 미야의 동상'이 있다. 그 옆에는 미야의 이름을 딴 오미야노마
츠お宮の松라는 소나무가 있다. 이수일과 심순애의 재결합으로 결
론이 나는 《장한몽》과는 달리 《곤지키야사》는 작가인 오자키 고
요가 37세에 위암으로 타계하는 바람에 미완결의 유작으로 남아
있다.

　　노벨문학상 수상자인 가와바타 야스나리川端 康成의 출세작
《이즈의 무희伊豆の踊子》역시 이즈반도를 배경으로 한 유명한 소설
이다. 고아로 자란 20세의 청년이 이즈로 여행을 떠났다가 우연히
유랑극단에서 춤을 추는 14세의 소녀를 만나 순수한 정을 나누게
된다는 줄거리이다. 작가가 청년 시절에 이즈를 여행했을 때의 실
제 체험을 바탕으로 한 소설로 국내 소설 황순원의 《소나기》와 종

종 비교되는 작품이기도 하다. 이 소설에는 배경으로 이즈반도의 실제 지역인 슈젠지, 유가시마湯ヶ島, 아마기 고개天城峠, 시모다下田 등이 등장한다. 야스나리는 유가시마의 온천 료칸인 유모토칸湯本館에 머물며 이 소설을 탈고했다. 1870년대에 목조 건물로 지어져 현재까지 영업을 계속하고 있는 이 료칸에는 야스나리가 탈고 작업을 했던 방과 그의 물품들이 지금도 남아 있다. 그래서 이 료칸을 '가와바타의 숙소, 유모토칸川端の宿 湯本館'이라고도 한다.

이즈반도에는 그 밖에도 일본 근대 시대 문인들의 발자취가 곳곳에 남아 있다. 대표적인 장소로 아타미시에 있는 키운카쿠起雲閣를 들 수 있다. 이곳은 1919년에 어느 기업가의 별장으로 건축되었다가 1947년에 료칸으로 변모한 후 다니자키 준이치로, 다자이 오사무, 시가 나오야 같은 대문호들이 묵었던 곳이다. 현재는 아타미시에 의해 관광 시설화되어 있다.

근대시대 일본 문인들의 별장으로 사랑받은 키운카쿠.

©田中十洙, on flickr

일본 축구의 발상지

시즈오카는 일본 축구의 발상지이자 '축구 왕국'으로 불린다. 현재도 일본에서 축구 열기가 가장 뜨거운 곳 하면 시즈오카를 첫 손가락으로 꼽는다. 일본 축구의 역사는 다른 종목과 마찬가지로 근대시대 학교 스포츠 활동으로서 시작됐다. 시즈오카현 후지에다시에 있는 후지에다히가시藤枝東 고등학교는 일본의 학교 축구가 태동한 곳이다. 1924년에 세워진 이 학교의 초대 교장이었던 니시코리錦織는 축구를 교기校技로 지정하고 1926년에 축구부를 발족시켰다. 당시 대부분의 학교가 야구를 교기로 하고 있었기에 매우 이례적인 일이었다. 그 후 이 학교는 1931년에 개최된 제1회 전국중등학교축구대회 우승을 비롯해 수많은 대회에서 활약하며 후지에다시를 '축구의 도시'로 각인시켰다.

후지에다시에 뿌리를 내리고 발전하기 시작한 일본의 학교축구는 1960년대를 전후해 시즈오카의 항구도시인 시미즈시(현재의 시미즈구)로 그 중심이 옮겨졌다. 1956년 시미즈의 에지리소학교江尻小学校에서 결성된 축구팀은 일본 유소년 축구의 시작을 알리는 존재였다. 1967년에는 시미즈에서 일본 최초의 초등학교 축구 리그가 출범했다. 에지리소학교의 학생들로 구성된 '올 시미즈' 팀은 압도적인 실력으로 리그를 제패했다. 항구도시 시미즈는 "축

구를 통해 사람을 키운다."라는 슬로건을 내걸고 당시로선 미지의 영역이었던 '유소년 축구'를 발전시켜 나갔다. 유소년축구가 처음 시작된 에지리소학교 근처에는 커다란 축구공 모양을 한 일본 소년축구 발상의 비日本少年サッカー発祥の碑가 세워져 있다.

1972년에 시작된 일본축구리그JSL에 소속된 12개 팀 중 시즈오카현을 연고지로 하는 팀이 3팀이나 있었다. 이처럼 시즈오카현은 현재 프로리그인 J리그가 1991년 출범하기 이전부터 축구로 유명했다. 2018년까지 월드컵 일본 대표로 선발됐던 선수 90명 중 16명이 시즈오카현 출신으로 단연 전국 최다이다. 이런 배경으로 시즈오카현은 축구 열기가 매우 높고 각종 리그가 활성화되어 있다. 심지어 주부들만의 축구리그도 열리고 있다. 인프라도 잘 갖춰

JR시미즈역 앞에 있는 축구 관련 조형물.

에지리소학교 근처에 있는
일본 소년축구 발상의 비.

시즈오카시에 있는 '시미즈 S펄스'의 선수단 숙소.

져 있어서 시즈오카시내 학교 운동장에는 대부분 야간 축구훈련
을 위한 조명이 설치되어 있다.

시즈오카현의 프로축구팀은 2022년 기준 4개가 있다. 6개의
프로팀을 가지고 있는 가나가와현 다음으로 전국에서 두 번째다.
시즈오카시를 연고지로 하는 '시미즈 S펄스'는 J리그 원년부터 활
동하고 있는 팀이다. 그 밖에 이와타시磐田市를 연고지로 하는 주
빌로 이와타, 누마즈시沼津市를 연고지로 하는 아술클라로 누마즈,
후지에다시를 연고지로 하는 후지에다 MYFC가 있다. 특히 시미
즈 S펄스와 주빌로 이와타는 시즈오카현 내 라이벌 관계로 두 팀
이 맞붙는 '시즈오카 더비'는 매우 유명하다. 또한 두 팀은 많은 한
국 선수들을 영입해 온 구단으로도 잘 알려져 있다.

유명 애니메이션의 성지

시즈오카현은 〈마징가〉 시리즈나 〈마루코는 아홉살〉 같은 유명 애니메이션의 무대로 많이 등장했다. 시즈오카현을 무대로 한 애니메이션은 무려 80여 개에 달하지만 그중 몇 가지만 간단히 살펴보겠다.

〈그레이트 마징가〉는 〈마징가Z〉의 후속으로 1974년부터 1975년까지 후지TV에서 방영된 총 56화의 로봇애니메이션이다. 애니메이션 속에 등장하는 '과학요새연구소'는 시즈오카현 이즈시의 해안가를 배경으로 하고 있다. 등장하는 주요 로봇 중 하나인 '보스보롯트'의 기지도 이즈반도의 한 창고로 설정되어 있다. 2009년 작품인 〈진 마징가 충격, Z편〉은 아타미시를 배경으로 하고 있으며 아타미 해변을 사실적으로 묘사한 장면이 등장한다. 일본의 국민 애니메이션으로 불리는 〈치비마루코짱〉, 우리나라 번안 제목 〈마루코는 아홉 살〉

드림플라자 내에 있는 치비마루코짱 랜드.

은 시즈오카시 시미즈구를 배경으로 한 작품이다. 작가인 사쿠라 모모さくらもも도 실제로 시미즈구 출신이다. 애니메이션에는 시미즈구에 실재

시미즈의 대표적인 상업
오락시설인 에스펄스 드림플라자.

하는 장소들이 많이 등장한다. 장소뿐 아니라 시미즈 현지의 마츠리나 이벤트 등도 애니메이션에 등장한다. 참고로 시미즈구에 있는 대표적인 상업 시설인 에스펄스 드림플라자エスパルスドリームプラザ의 관내에 치비마루코짱 랜드ちびまるこちゃんランド가 있다.

고등학교 관악부 활동을 소재로 한 만화 〈하루치카~ 하루타와 치카는 청춘이다~〉의 배경도 시미즈이다. 원작 소설의 작가인 하츠노세이初野晴 역시 시미즈 출신이다. 실존하는 시미즈미나미고교清水南高校를 무대로 시즈오카현과 시즈오카시에 실재하는 장소들이 등장한다. 스쿨아이돌그룹 애니메이션인 〈러브라이브 선샤인〉은 시즈오카현 누마즈시를 배경으로 하고 있다. 누마즈 출신의 주인공들이 실제 누마즈시의 어촌마을인 우치우라内浦에서 학교를 다니는 것으로 이야기가 설정되어 있다. 이 만화에는 누마즈

시에 실재하는 장소들이 사실적으로 묘사되어 등장하는 것이 특징이다. 누마즈항의 랜드마크인 전망 수문 뷰오沼津港展望水門びゅお도 그 중 하나다. 누마즈항 전망 수문 뷰오는 누마즈항에 건설된 30m 높이의 일본 최대 수문으로, 이곳에 있는 전망회랑에서 후지산, 남알프스, 스루가만을 아름답게 조망할 수 있다.

캠핑을 소재로 한 애니메이션 〈유루캠△〉은 시즈오카현에 실재하는 캠핑 명소들을 무대로 하고 있다. 대표적으로 후지노미야시 아사기리 고원의 후모톳빠라 캠핑장ふもとっぱらキャンプ場을 들 수 있다. 호분샤芳文社 출판사는 시즈오카현과 함께 유루캠의 캠핑장들을 소개하는 홈페이지를 운영하고 있다. 일본에서도 애니메이션 속에 등장하는 실재 장소를 찾아다니는 행동을 가리켜 '성지순례'라는 재밌는 표현을 쓴다. 이러한 이유로 시즈오카현은 애니메이션 마니아들이 성지순례를 위해 많이 찾아오는 곳이다.

아사기리 고원에 있는 후모톳빠라 캠핑장.
🏕156 Fumoto, Fujinomiya, Shizuoka 418-0109 일본
+81 54 452 2112

누마즈항 전망 수문 뷰오.
☎410-0867 静岡県沼津市千本1905-27 +81 55 963 3200

시즈오카현의 마츠리와 이벤트

시즈오카현의 축제, 마츠리祭り를 몇 가지 소개한다. 이 책의 말미
에는 시즈오카현의 마츠리 70선을 정리했다. 시즈오카현을 방문
할 계획이 있다면 방문할 도시에 어떤 마츠리가 언제 개최되는지
사전에 확인해 보길 권장한다.

하마마쓰마츠리浜松祭り는 시즈오카현을 대표하는 축제다. 일본의 골든위크* 기간인 5월 3, 4, 5일에 하마마쓰시에서 개최된다. 아이들의 건강한 성장을 기원하는 이벤트로 낮에는 연날리기대회凧揚げ合戦가 펼쳐지고, 밤에는 하마마쓰역 앞을 중심으로 어전수레御殿屋台 행렬이 펼쳐진다. 일본의 축제들이 대개 신사를 중심으로 한 종교적 의미를 갖고 있는 반면 하마마쓰 축제는 종교적 색채가 없는 '도시 축제'라는 점이 특징이다.

시즈오카시의 시즈오카마츠리静岡祭り도 대표적인 마츠리다. 1957년에 시작된 시민 축제로 매년 4월 첫째 주 금, 토, 일에 슨푸성 공원과 시즈오카 시내 중심부에서 개최된다. 도쿠가와 이에야스가 슨푸성에서 벚꽃놀이를 즐겼던 것을 유래로 하는 오오고쇼 꽃놀이 행렬大御所花見行列이 메인행사이다. 벚꽃 명소로 유명한 슨푸성 공원 인근에서 개최되어 시즈오카 시민들에게 많은 사랑을 받는 이벤트다.

대도예 월드컵 in 시즈오카大道芸ワールドカップ in静岡는 매년 11월 초순에 슨푸성 공원 주변과 시즈오카시 중심가에서 펼쳐지는 노상 퍼포먼스 이벤트다. 일본 국내는 물론 해외에서도 수준급

---

* ゴールデンウィーク, 4월 하순부터 5월 상순에 걸친 일본의 휴가 기간을 칭한다. 헌법기념일, 어린이날을 비롯한 일본의 국경일이 연달아 있어 생긴 연휴 기간이다.

의 공연자들이 모여 '퍼포먼스의 월드컵'으로 불린다. 공연자들은 길거리에서 다채롭고 신기한 기능, 기술, 예능을 선보이며 보는 이들에게 즐거움을 선사한다. 11월 중하순에는 시즈오카시 중심가의 아오바 심벌로드에서 스트리트 페스티벌 인 시즈오카ストリート フェスティバル・イン・シズオカ가 열린다. 이 행사는 2000년에 시작된 아

©Shizuokamatsuri photo

시즈오카마츠리 오오고쇼 꽃놀이 행렬의 모습.

하마마쓰마츠리의 연날리기 대회.

트&뮤직 이벤트로 다양한 뮤지션들과 아트작가들이 약 400m에 이르는 회장에서 라이브, 공연예술, 댄스 등을 선보인다. 또한 음식부스와 기획 이벤트 등의 부수적인 행사도 많다.

아타미시의 불꽃축제.

©veroyama. on flickr

후지노미야시에서는 후지노미야마츠리富士宮まつり가 개최된다. 11월 3, 4, 5일에 후지산 혼구센겐타이샤 인근에서 개최된다. 북, 피리, 징 등으로 흥을 돋우는 것을 '하야시囃子'라고 하는데 후지노미야의 하야시는 매우 유명하다. 센겐타이샤 앞에서 약 20여 대의 화려한 수레와 마차가 하야시 경쟁을 펼치는 것이 이 축제의 하이라이트 행사이다.

아타미시의 불꽃축제花火大会는 전국적으로 유명하다. 아타미 선비치에서 연중 상시 개최되는 불꽃놀이 행사다. 음악과 싱크로를 맞춘 불꽃놀이와 세계 각국의 불꽃놀이 등 풍성한 내용과 화려함을 자랑한다. 아타미 해변은 바다 뒤편이 산으로 둘러싸인 지형 덕분에 마치 공연장 같은 음향 효과를 낸다고 한다. 아타미의 불꽃축제는 시각적 즐거움뿐 아니라 불꽃을 쏘아 올릴 때의 다양한 소리도 체감할 수 있는 행사다.

이즈반도 남단에 위치한 카와즈쵸河津町의 벚꽃은 일본 전국에서 가장 빨리 개화한다. 빠르면 1월 하순부터 피기 시작하며 보통 2월 초순부터 3월 중순까지 개화한다. 그 시기에 맞춰 카와즈쵸 전역에서 카와즈사쿠라마츠리河津桜祭り가 개최된다. 특히 카와즈강河津川을 따라 줄지어 있는 벚꽃나무들이 유명하다. 카와즈의 벚꽃은 크고 진한 핑크색의 꽃잎이 특징이다.

이즈반도의 이토시伊東市에 있는 오무로산大室山에서는 '오무로산 태우기大室山山焼き'라는 독특한 이벤트가 열린다. 무려 700년

넘게 이어져 온 행사로 매년 2월 둘째 주 일요일에 개최된다. 오무로산을 덮고 있는 죽은 풀을 태워 해충 등을 구제하고 봄의 새싹을 기다리는 이벤트로 산에 불길이 퍼지는 모습은 박력이 넘친다. 오무로산 정상에는 수천 년 전에 생긴 직경 300m, 깊이 70m의 분화구가 있다.

오무로산 태우기의 모습.

©katsuu 44. on flickr

카와즈강가의 벚꽃.

시즈오카현
여행하기

시즈오카현 여행에 앞서

시즈오카현의 관광권역은 시즈오카시가 있는 중부, 하마마쓰시가 있는 서부, 후지산이 있는 동부, 아타미시가 있는 이즈의 4개 권역으로 생각하면 된다. 시즈오카현에 가는 방법은 여러가지가 있지만 한국에서 출발한다면 시즈오카 공항富士山静岡空港으로 입국하는 것이 기본이다. 시즈오카현을 제대로 여행하려면 자동차로 돌아다니는 것이 가장 좋다. 하지만 일본은 운전석이 반대이고 교통신호와 법규도 한국과 다른 부분이 있어 운전에 주의를 기울여야 한다. 다행히 시즈오카현의 대중교통망은 의외로 촘촘해 대부분의

관광지에 접근할 수 있도록 설계되어 있다. 우선 시즈오카 공항에 내리면 시즈오카현내 각 도시로 향하는 광역버스들이 기다리고 있다. 목표로 하는 도시에 내리면 도보, 전철, 로컬버스 등을 이용해 관광지에 접근하면 된다.

시즈오카현의 개요

총면적
약 7,777㎢ (충청북도 약 7,407㎢)

총인구
약 360만 명 (2022년 기준 부산광역시 인구 약 336만 명)

현청소재지
시즈오카시 아오이구 오테마치 9-6(静岡市葵区追手町 9-6)

지역구성
23개의 시(市), 5개의 군(郡), 12개의 정(町)

현 꽃
철쭉

시즈오카 공항 홈페이지
https://www.mtfuji-shizuokaairport.jp

시즈오카현 공식 관광사이트
|https://hellonavi.jp

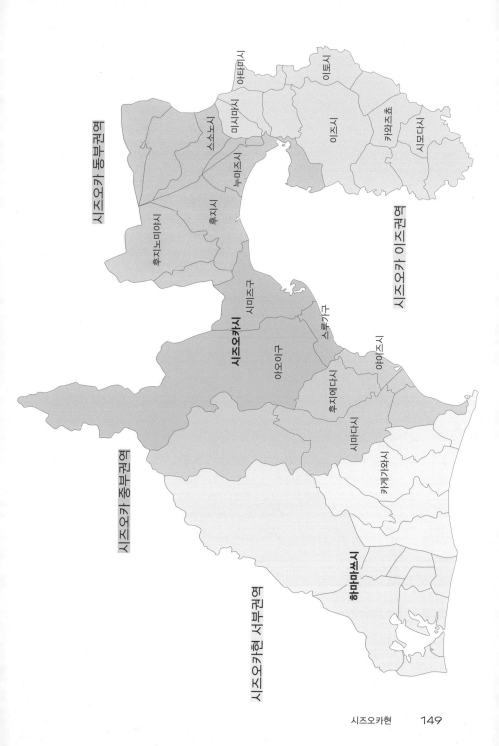

시즈오카현 동부권역

시즈오카 이즈권역

시즈오카 중부권역

시즈오카현 서부권역

아타미시

이토시

미시마시

스소노시

이즈시

카와즈초

시모다시

누마즈시

후지시

후지노미야시

시미즈구

스루가구

아이즈시

시즈오카시

아오이구

후지에다시

시마다시

카케가와시

하마마쓰시

1) 시즈오카현 중부권역

시즈오카현 중부에는 공항이 있는 마키노하라시를 필두로 시즈오카시, 후지에다시, 야이즈시, 시마다시, 카와네혼쵸 등이 속해 있다. 시즈오카시 관광은 JR도카이도본선 시즈오카역(이후 줄여서 'JR시즈오카역'으로 지칭)을 거점으로 잡고 히가시시즈오카東静岡, 시미즈清水, 오키츠興津, 유이由比 지역 순으로 둘러보면 된다. 여유가 있다면 서쪽으로 모치무네用宗 지역도 가 보자. 오오이가와 철도를 타보고 싶다면 공항에서 버스로 오오이가와 철도의 출발역이 있는 시마다시의 카나야역으로 가면 된다. 열차표를 사기 전에 운행 스케줄을 잘 확인해 두자.

중부권역 추천 코스

중부권역에서는 단연 시즈오카시 관광이 중심이다. 시즈오카시의 주요 관광 지역은 JR시즈오카역 주변부, 히가시시즈오카 지역, 시미즈清水 지역이다.

시즈오카역 주변 도보 코스

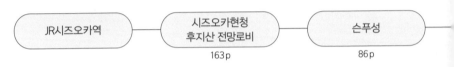

프라모델+피규어 취향 코스

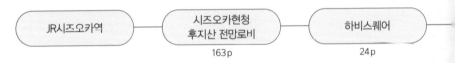

경승지+유적지 취향 코스1

경승지+유적지 취향 코스2

그 밖에 야이즈시나 오오이가와 철도 관광도 중부권역의 포인트다. 여기서 소개하는 코스는 대략 1박 2일 정도의 시간을 잡으면 된다.

하비스퀘어
24p

시즈오카시 미술관
166p

아오바 오뎅가이
55p

시즈오카 칸테이단 야하타점
162p

에스펄스 드림플라자
(치비마루코짱 랜드)
162p

카시노이치 어시장
38p

쿠노잔토쇼구
164p

미호노마츠바라
75p

카시노이치 어시장
38p

미호노마츠바라
75p

카시노이치 어시장
38p

어린이 취향 코스

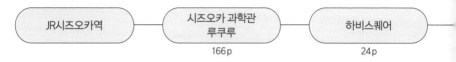

JR시즈오카역 — 시즈오카 과학관 루쿠루 (166p) — 하비스퀘어 (24p)

경승지+온천 코스

JR시즈오카역 — 카시노이치 어시장 (38p) — 슨푸성 (86p)

시즈오카시+모치무네+야이즈시 코스

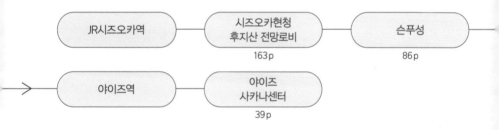

JR시즈오카역 — 시즈오카현청 후지산 전망로비 (163p) — 슨푸성 (86p)

야이즈역 — 야이즈 사카나센터 (39p)

오오이가와 철도 코스

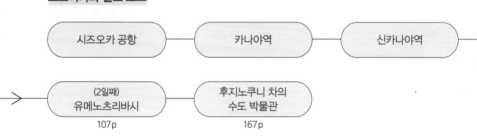

시즈오카 공항 — 카나야역 — 신카나야역

(2일째) 유메노츠리바시 (107p) — 후지노쿠니 차의 수도 박물관 (167p)

에스펄스 드림플라자

162p

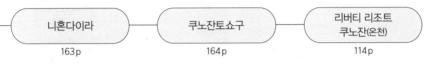

니혼다이라

163p

쿠노잔토쇼구

164p

리버티 리조트
쿠노잔(온천)

114p

모치무네역

모치무네미나토 온천

167p

라팔레트(아이스크림)

157p

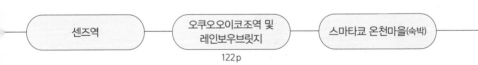

센즈역

오쿠오오이코조역 및
레인보우브릿지

122p

스마타쿄 온천마을(숙박)

©lazy fri13th, on flickr

사와야카 세노바점 さわやか 新静岡セノバ店

시즈오카현의 유명 함박스테이크 레스토랑. '시즈오카현 대표 식당'으로 잘 알려진 맛집이다.

☎420-0839 静岡県静岡市葵区鷹匠1丁目1-1 新静岡セノバ 5階
11:00~21:00 +81 54 251 1611

이다텐 시즈오카점 伊駄天 静岡店

JR시즈오카역 인근에 있는 인기 있는 라면 집.

☎420-0857 静岡県静岡市葵区御幸町7-5 アイセイ
ドービル 1F
11:00~22:00 (14:30~17:30 브레이크타임, 화휴무)
+81 54 252 1130

돈뿌쿠 どんぷく

시미즈시의 카시노이치 어시장 내에 있는 가성비 해산물 덮밥 맛집.

☎ 424-0823　静岡県静岡市清水区島崎町149
清水魚市場河岸の市まぐろ館1階
10:30~15:00, 주말 및 공휴일 10:00~18:00
+81 54 352 0010

돈부리 하우스 どんぶりハウス

모치무네항 안에 있는 해산물 덮밥 가게. 생 시라스를 비롯해 모치무네항에서 갓 잡아 올린 해산물을 저렴한 가격에 맛볼 수 있다.

☎ 421-0122 静岡県静岡市駿河区用宗 항구 내
11:00~14:00 (목 휴무) +81 54 256 6077

라팔레트 La Palette

모치무네항 안에 있어 갓 잡아올린 해산물을 저렴한 가격에 맛볼 수 있다.

☎ 421-0122 静岡県静岡市駿河区用宗4-21―12
11:00~18:00 +81 54 204 6911

* JR시즈오카역에서 놓치지 말아야 할 녹차 디저트 명소

고후쿠쵸 거리는 시즈오카역 기준 도보 10분 내외로, 이 근방에는 국내외를 통틀어 유명한 디저트 맛집들이 있는 거리다. 특히 녹차 애호가들은 반드시 방문해야 할 필수 코스다.

마루젠 Maruzen Tea Roastery

녹차, 녹차 디저트 전문점.

☏420-0031 静岡県静岡市葵区呉服町2丁目 2-5
11:00~18:00 (화 휴무)
+81 54 204 1737

치쿠메이도챠텐 본점 竹茗堂茶店 本店

230년 전통의 녹차 전문점. 나나야 바로 맞은편에 있다.

☏420-0031 静岡県静岡市葵区呉服町2丁目 4-3
10:00~19:00 +81 54 254 8888

나나야 시즈오카점 ななや 静岡店

세계에서 제일 진한 녹차 젤라토를 만날 수 있는 녹차 젤라토 전문점.

☏420-0031 静岡県静岡市葵区呉服町2丁目 5-12
11:00~19:00 (수 휴무) +81 54 251 7783

쵸지야丁子屋

596년에 개업해 400년이 넘는 역사를 가진 참마즙 전문 식당이다. 처음 개업한 자리에서 지금까지 계속 영업하고 있는 식당이며, 세계적으로 손꼽히는 노포(老舗)에 속한다. 우타가와 히로시게의 그림이 그려진 1800년대에도 쵸지야는 이미 창업 200년이 넘은 노포였다. 그리고 또 한 번 200년이 지났다.

☎421-0103 静岡県静岡市駿河区丸子7-10-10
11:00~14:00 +82 54 258 1066

쵸지야가 묘사된 에도 시대 화가
우타가와 히로시게의 그림(모사본).

타마루야田丸屋 본점

130년 전통의 시즈오카현 대표 와사비 브랜드. 와사비 관련 식품들을 판매한다. 본
점은 JR시즈오카역 인근에 있다.

☎420-0852 静岡県静岡市葵区紺屋町6-7
10:00~19:00 ┼81 54 254 1681

스루가야 시즈오카 본점
駿河屋 静岡本店

일본 최대급 동인샵 체인점으로, 이곳이 본
점이다.

☎420-0852 静岡県静岡市葵区紺屋町 紺屋町ビル
1~3 階 金清軒ビル JADE
9:00~22:00 +81 54 251 1770

파르코 静岡PARCO

JR시즈오카역 인근에 있는 젊은 감각의 백화점.

☎420-0852 静岡県静岡市葵区紺屋町6-7
10:00~20:00 +81 54 272 8111

세노바 CENOVA

신시즈오카역 인근에 있는 있는 젊은 감각의 쇼핑몰.

☎420-8508 静岡県静岡市葵区鷹匠1丁目1-1
10:00~20:00
+81 54 266 7500

에스펄스 드림플라자 エスパルスドリームプラザ

시미즈 지역의 대표적인 복합 상업 오락시설. 외부에는 관람차와 오락시설이 있다. 해변에 설치된 데크와 공원을 산책하는 것도 좋다.

☎ 424-0942 静岡県静岡市清水区入船町13-15
10:00~20:00 +81 54 354 3360

시즈오카 칸테이단 야하타점
静岡鑑定団 八幡店

피규어, 카드, 만화책 등을 매입, 판매하는 곳.

☎ 422-8076 静岡県静岡市駿河区八幡5-8-3
10:00~00:00 +81 54 282 3009

대표 명소

시즈오카현청 별관 후지산 전망로비
静岡県庁別館 富士山展望ロビー

현청 건물 21층의 전망로비.

☎420-0853 静岡県静岡市葵区追手町9-6 県庁別館 21F
평일 8:30~18:00, 주말 10:00~18:00
(개방시간 변경이 잦은 편이므로 주의)
+81 54 221 2185

니혼다이라 호텔 日本平ホテル

후지산과 스루가만의 절경을 감상할 수 있는 호텔.

☎424-0875 静岡県静岡市清水区馬走1500-2,
Nippondaira Hotel
체크인 14:00 체크아웃 12:00
+81 54 335 1131

니혼다이라 유메테라스
日本平 夢テラス

니혼다이라에 있는 전망 테라스. 회랑에서 보이는 경치가 멋지다.

☎424-0886 静岡県静岡市清水区
9:00~17:00, 토요일 9:00~21:00
+81 54 340 1172

쿠노잔토쇼구 久能山東照宮

도쿠가와 이에야스를 기리는 신사. 이에야스의 무덤이 있다.

☎422-8011 静岡県静岡市駿河区根古屋390
9:00~17:00 +81 54 237 2438

TIP

니혼다이라에서 쿠노잔토쇼구로 가는 니혼다이라 로프웨이(日本平 ロープウェイ)를 이용하면 편하다. 로프웨이 이용권뿐만 아니라 토쇼구 궁배관과 토쇼구 박물관 입장권까지 패키지로 구매할 수 있다.

静岡県静岡市 日本平ロープウェイ
9:00~17:00 +82 54 334 2026

쿠노잔토쇼구를 둘러본 후 니혼다이라로 돌아가기 전에 여유가 된다면 1,159개의 참도의 계단을 내려가 보기를 추천한다. 스루가만의 절경을 감상할 수 있다. 끝까지 내려가면 딸기 해안도로를 만날 수 있다.

우츠노야 집락 宇津ノ谷の集落

에도시대의 모습을 간직한 마을. 400년 이상 된 가옥들이 줄지어 있다.

☎ 421-0105 静岡県静岡市駿河区宇津ノ谷176-1

체험 🚠

시즈오카시 미술관 静岡市美術館

JR시즈오카역 북쪽출구 바로 앞에 있는 아오이 타워(Aoi Tower) 3층에 있다. 폭넓은 장르를 전시하는 미술관.

☎420-0852 静岡県静岡市葵区紺屋町17-1, Aoi Tower, 3F
10:00~19:00 (월 휴무) +81 54 273 1515

시즈오카과학관 루쿠루
静岡科学館るくる

어린이를 위한 대규모 과학 체험관.

☎422-8067 静岡県静岡市駿河区南町14-25 8~10階 エスパティオ
9:30~17:00 (월요일 휴무)
+81 54 284 6960

니혼다이라 동물원 日本平動物園

약 160종의 동물이 있으며, 레서판다가 마스코트다.

☎422-8005 静岡県静岡市駿河区池田1767-6
9:00~16:30 (월 휴무) +81 54 262 3251

모치무네미나토온천 用宗みなと温泉

모치무네항 인근에 있는 온천 스파.

☎ 421-0122 静岡県静岡市駿河区用宗2-18-1
10:00~22:00 +82 54 256 4126

히로노 해안공원 広野海岸公園

난파된 해적선 조형물로 아이들에게 인기
있는 모치무네항 인근 놀이공원.

☎ 422-0000 静岡県静岡市駿河区広野海岸通 1番地
+81 54 354 2184 6:00~20:00

후지노쿠니 차의 수도 박물관

☎ 428-0034 静岡県島田市金谷富士見町3053-2
9:00~17:00(화 휴무) +81 547 46 5588

시즈오카시립 토로유적지&박물관 静岡市立登呂博物館

야요이 시대 마을을 볼 수 있는 시즈오카
대표 유적지.

☎ 422-8033 静岡県静岡市駿河区登呂5-10-5
9:00~16:30 (월 휴무) +81 54 285 0476

오마에자키시의 등대.

2) 시즈오카현 서부권역

서부권역에서는 하마마쓰시 관광이 중심이다. 하마마쓰시는 산업
도시이자 음악도시로 관광 자원이 풍부하다. 하마마쓰 교자와 하
마나코 우나기 등 먹거리도 빼놓을 수 없다. 하마마쓰시 관광은
크게 시의 동쪽에 위치한 JR하마마쓰역 주변과 서쪽에 위치한 하
마나코 호수 주변으로 양분할 수 있다. 기타 관광지들은 시내 곳
곳에 흩어져 있는 편이라 자동차로 이동하는 것이 편리하다. 하마
마쓰시 외에 서부권역에서는 카케가와시나 오마에자키시 관광을
생각해 볼 수 있다.

서부권역 추천 코스

서부권역에서는 하마마쓰시의 추천 코스 위주로 소개하고자 한다. 하마마쓰시의 관광명소들은 동쪽의 JR하마마쓰역 주변과 서쪽의 하마나코 주변 외에는 대중교통 접근성이 떨어지는 편이다. 하마마쓰시의 관광명소들을 골고루 둘러보기 위해서는 자동차로 움직이는 것이 좋다.

하마마쓰시 코스1

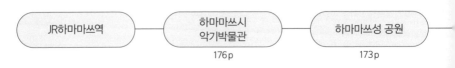

하마마쓰시 코스2

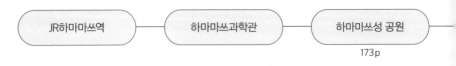

하마마쓰시 코스3

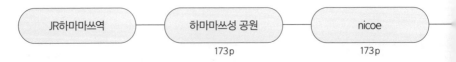

하마마쓰시 코스4

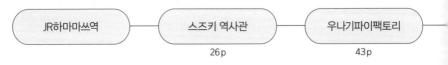

©Kzaral on flickr

JR하마마쓰역 주변. 뒤로 보이는 갈색 건물은 액트타워다.

하마마쓰
플라워파크
179p

칸잔지 로프웨이
+오르골뮤지엄
179p

야마하 이노베이션
로드
29p

칸잔지 로프웨이
+오르골뮤지엄
179p

우나기파이 팩토리
43p

칸잔지 로프웨이
+오르골뮤지엄
179p

하마마쓰 에어파크
177p

칸잔지 로프웨이
+오르골뮤지엄
179p

추천 맛집 🥢

©Kang-min Liu, on flickr

이시마츠교자 JR하마마쓰역점

石松餃子JR浜松駅店

하마마쓰 교자를 취급하는 유명 체인점.

☎430-0926 静岡県浜松市中区砂山町6-1
メイワン エキマチ ウエスト1F
11:00~22:00 +81 53 415 8655

©Kanesue, on flickr

우나기후지타 하마마쓰역앞점

うなぎ藤田浜松駅前店

하마마코 우나기 전문점.

☎430-0926 静岡県浜松市中区砂山町322-7 ホテル
ソリッソ浜松 2F
11:00~21:00 +81 53 452 3232

©m-louis.® on flickr

우나기요리 아츠미

うなぎ料理あつみ

1907년에 창업한 하마마코 우나기 전문점.

☎430-0934 静岡県浜松市中区千歳町70　053-
455-1460
11:30~19:30 +81 53 455 1460

©lazy fri13th, on flickr

NICOE

우나기파이로 잘 알려진 과자회사 슌카도(春華堂)가 운영하는 과자 테마관.

☎434-0046 静岡県浜松市浜北区染地台6-7-11
10:00~18:00(월·화 휴무) +81 53 586 4567

©浜松·浜名湖ツーリズムビューロー

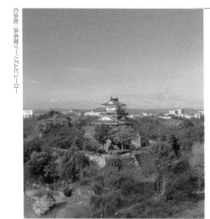

하마마쓰성 공원 浜松城公園

슨푸성과 하마마쓰성 그 일대를 정비한 공원.

☎430-0946 静岡県浜松市中区元城町100-2
상시 개방 +81 53 473 1829

나카타지마 사구 中田島砂丘

일본 3대 사구(砂丘)의 하나.

☏ 430-0845 静岡県浜松市南区中田島町1313
+81 53 457 2295(하마마쓰시 관광과)

©浜松・浜名湖ツーリズムビューロー

©浜松・浜名湖ツーリズムビューロー

료운지 龍雲寺

세계에서 가장 큰 반야심경이 있는 절.

☏ 432-8061 静岡県浜松市西区入野町4702-14
8:00~17:00 +81 53 447 1231

료탄지 龍潭寺

1300년 이상의 역사를 가진 고찰. 정원은 국가지정명승지이다.

☎431-2212 静岡県浜松市北区引佐町井伊谷1989
9:00~16:30 +81 53 542 0480

카케가와성 掛川城

센고쿠(전국)시대에 축성된 카케가와시의 아름다운 성.

☎436-0079 静岡県掛川市掛川1138-24
9:00~17:00 +81 537 22 1146

ⓒ浜松・浜名湖ツーリズムビューロー

하마마쓰시 악기박물관浜松市楽器博物館

일본 최초의 공립 악기박물관. 세계의 악기 약 3300점을 전시하고 있으며 직접 연주
를 해 볼 수 있다.

☏430-0929 静岡県浜松市中区中央3-9-1

9:30~17:00 (수 휴무) +81 53 451 1128

항공자위대 하마마쓰 광보관 에어파크 航空自衛隊 浜松広報館 エアーパーク

일본에서 가장 큰 박물관 중 하나. 다양한 항공기를 보고 체험할 수 있다.

☎432-8551 静岡県浜松市西区西山町無番地
9:00~16:00 +81 53 472 1121

혼다 소이치로 기념관
本田宗一郎ものづくり伝承館

혼다 창업주의 고향에 있는 혼다의 바이크 박물관.

☎431-3314 静岡県浜松市天竜区二俣町二俣1112
10:00~16:30 (월,화 휴무) +81 53 477 4664

카케가와화조원 掛川花鳥園

꽃과 새의 테마파크로, 이곳의 새들은 직접 만져볼 수 있다.

☏ 436-0024 静岡県掛川市南西郷1517
평일 9:00~16:30, 휴일 9:00~17:00
+81 537 62 6363

TIP

하마마쓰시에서 놓치면 안되는 칸잔지 마을(舘山寺町)

하마마쓰시의 서쪽에 있는 하마나코 호수는 둘레가 약 114km에 이른다. 이 거대한 호수를 둘러싸고 공원, 테마파크, 온천, 호텔 등이 곳곳에 조성되어 있다. 그 중에서도 온천 지역인 칸잔지 마을이 가장 유명하다. 맞은편에 있는 오오쿠사산(大草山)과 호수 위의 칸잔지 로프웨이로 연결되어 있다. 칸잔지 마을은 JR하마마쓰역에서 칸잔지 마을행(舘山寺町行き) 엔테츠 버스를 타고 갈 수 있다.

©浜松・浜名湖ツーリズムビューロー

하마마쓰 플라워파크
(はままつフラワーパー)

전 세계 다양한 꽃을 만날 수 있다.
☎ 431-1209 静岡県浜松市西区舘山寺町195
+81 53 487 0511

©浜松・浜名湖ツーリズムビューロー

하마나코 파루파루(浜名湖パルパル)

다양한 놀이기구와 퍼레이드를 경험할 수 있는 유원지다.
☎ 431-1209 静岡県浜松市西区舘山寺町1891
10:00~16:30 (수 휴무) +81 53 487 2121

칸잔지 로프웨이(舘山寺ロープウェイ)

칸잔지마을과 오오쿠사산을 잇는 로프웨이.
☎ 431-1209 静岡県浜松市西区舘山寺町1891
10:00~17:30 (수 휴무)

©Issunsun. on flickr

하마나코 오르골 뮤지엄
(浜名湖オルゴールミュージアム)

약 70점의 희귀한 오르골이 전시되어 있으며 체험 공방도 운영한다.
☎ 431-1209 静岡県浜松市西区舘山寺町1891
10:00~17:30 (수 휴무)

3) 시즈오카현 동부권역

시즈오카현 동부권역은 후지산 관광이 중심이다. 시즈오카현에 단기로 방문하더라도 시기만 잘 맞추면 후지산 등반을 체험해 볼 수 있다. 후지산 서쪽의 후지노미야시富士宮市는 먹거리와 볼거리, 액티비티 등 관광 자원이 매우 풍부한 곳이다. 특히 아시기리고원朝霧高原에 있는 명소들은 하나같이 수려한 경관을 자랑한다. 그 밖에 후지산 남쪽의 항구도시인 누마즈에서는 신선한 해산물 요리를 맛볼 수 있으며 쇼핑을 즐기는 여행자라면 고텐바시에 있는 일본 최대급 아웃렛에 가 보기를 추천한다.

동부권역 추천 코스

동부권역은 크게 후지산 등반, 후지노미야시내와 아사기리고원 지역 관광, 누마즈시 관광으로 나눌 수 있다. 여행자의 취향에 따라 고텐바 프리미엄 아웃렛에서의 쇼핑, 스소노시의 유원지와 온천 관광 등도 추천할만하다.

후지노미야시내 및 아사기리 고원 1박 2일 코스

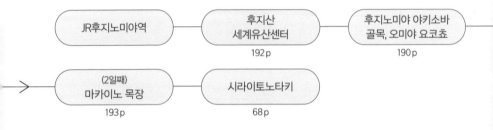

JR후지노미야역 ─ 후지산 세계유산센터 192p ─ 후지노미야 야키소바 골목, 오미야 요코쵸 190p

(2일째) 마카이노 목장 193p ─ 시라이토노타키 68p

누마즈시 하루 코스

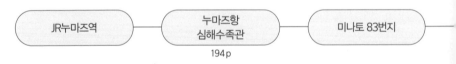

JR누마즈역 ─ 누마즈항 심해수족관 194p ─ 미나토 83번지

아웃렛 쇼핑 및 온천 코스(191p)

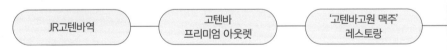

JR고텐바역 ─ 고텐바 프리미엄 아웃렛 ─ '고텐바고원 맥주' 레스토랑

후지산 등반 코스

※등산 가능시기: 7월1일~9월10일(바뀔 수 있음)

❶ 후지노미야구치富士宮口 등산로 | ❷ 요시다구치吉田口 등산로

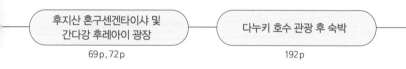

후지산 혼구센겐타이샤 및 간다강 후레아이 광장	다누키 호수 관광 후 숙박
69p, 72p	192p

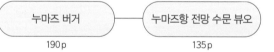

누마즈 버거	누마즈항 전망 수문 뷰오
190p	135p

고텐바고원 토키노스미카에서
온천 및 숙박

일본의 상징, 후지산을 만나다

후지산 등산은 매년 7월 초부터 9월 초까지만 가능하다. 하지만 이 시기에도 기상악화로 인해 등산로가 폐쇄되는 경우가 있으므로 사전에 등산 가능 여부를 잘 알아봐야 한다. 후지산 등산로는 총 4곳이 있다. 시즈오카현에 속해 있는 후지노미야구치富士宮口 등산로, 고텐바구치御殿場口 등산로, 스바시리구치須走口 등산로와 야마나시현 소속의 요시다구치吉田口 등산로이다. 후지산 등산의 장점은 산의 중간 지점인 5합목合目*까지는 버스 혹은 자동차로 갈 수 있다는 점이다. 그래서 실제 등산은 각 등산로의 5합목부터라고 보면 된다. 5합목의 주차장에서 정상인 10합목까지는 등산로에 따라 5~8시간 정도 소요된다. 단기로 방문해 후지산 등산을 체험하고 싶다면 6~7합목 부근까지만 올라가자. 이 지점도 구름보다 높은 지점이기 때문에 무리해서 꼭 정상까지 등반하지 않아도 괜찮다. 6합목에서 사진을 남긴 뒤 5합목으로 내려와 타고 온 교통수단으로 하산하면 당일치기 일정도 가능하다.

정상인 10합목까지 올라갔다 내려오려면 산장에서 숙박하는

---

* 일본 등산 용어. 입구부터 정상까지 거리를 10등분하여 나눈 지점을 일본어로 고메(合目)라고 부른다. 보통 1합목에서 9합목까지 나누며, 10합목은 정상을 뜻한다.

후지산 정상에서의 일출 장관.

2일 여정을 계획하는 게 좋다. 등산 시기가 여름철로 제한되어 있는데다 많은 등산객이 찾기 때문에 산장들은 항상 만원이다. 산장을 이용하려면 사전에 전화로 예약하고 현금도 챙겨가야 한다. 산장은 좁은 공간만 제공되고 남녀합방인 곳도 있다는 점, 수도 시설이 제대로 없다는 점을 주의해야 한다. 정상에 가까워질수록 고산병이 생길 수 있으며 날씨가 수시로 바뀌는 점도 주의사항이다. 등산 장비는 기본, 정상은 한여름이라도 5도 안팎이므로 외투도 잘 갖춰야 한다. 정상 도전은 신체가 건강한 여행자에게 추천하고 싶다. 일출장관과 후지산 정상에서 남기는 사진은 인생의 큰 보물이 될 것이다. 그럼 4곳의 등산로 중 한국인 단기 여행자들에게 추천할 만한 2곳을 소개해 보겠다.

❶ 후지노미야구치富士宮口 **등산로**
후지노미야구치 등산로는 후지산스카이라인富士山スカイライン이라고도 부른다. 이 등산로는 4곳의 등산로 중 정상까지의 거리가 가장 짧다. 대신 길은 가파른 편이다. 이 등산로의 5합목인 후지노미야구치 5합목富士宮口五合目에서 정상까지는 5시간 정도 소요되며 하산은 2~3시간 정도다. 올라가는 길과 내려오는 길은 똑같다. 이 루트는 위치와 교통편 상 시즈오카 공항으로 입국하는 외국인 여행자들에게 가장 적합한 등산로다. 또한 6합목에 산장과 편의 시설이 있어 단기 여행자라면 가볍게 1시간 내외의 산행으로 6합목

후지노미야구치 5합목의 등산로입구.

까지만 올라가 봐도 잊지 못할 추억을 만들 수 있다.

❷ 요시다구치吉田口 등산로

후지산 등산로 중 유일하게 야마나시현에서 시작되는 등산로이다.
후지스바루라인富士スバルライン이라고도 부른다. 이 등산로의 5합
목은 도쿄와 직행버스로 연결되어 있어 도쿄에서 오는 사람들이
주로 선택한다. 후지산 등산로 중 산장과 편의 시설이 가장 많다.
정상까지 올라가는 데는 약 6~7시간 정도, 하산은 3~4시간 정도
걸린다. 올라가는 길과 내려오는 길은 다르다. 정상에 오르려는 사

람들은 보통 7합목이나 8합목에 있는 산장에서 하룻밤을 묵는다.

그럼 후지산 5합목까지는 어떻게 가야 할까? 후지산은 환경보호라는 명목으로 5합목 접근에 여러 가지 규제사항을 두고 있다. 특히 코로나19 이후로는 등산 가능 시기에 마이카규제マイカー規制라는 것까지 생겼다. 마이카규제 기간 중에는 자가용 혹은 렌터카로 5합목에 갈 수 없고 셔틀버스나 셔틀택시 등의 공공수단을 이용해서 가야 한다.

또한 동계시즌(11월 초순~4월 초순)에는 등산로는 물론 5합목으

요시다루트 7합목에 있는 히노데 산장.

로 가는 도로가 모두 폐쇄되므로 등산이 불가능하다. 결론적으로 후지산 등산을 체험하기 위해서는 등산 가능시기에 셔틀버스나 셔틀택시를 이용해 5합목에 가거나 마이카규제 기간을 피해 운전해서 5합목에 가면 된다. 시즈오카 공항으로 입국한 여행자라면 후지노미야 루트의 5합목으로 가는 게 좋다.

쇼핑&추천 맛집 🛍🍜

오미야 요코쵸 お宮横丁

후지노미야 야키소바 골목. 골목 초입에 있는 안테나숍(アンテナショップ)은 가장 클래식한 후지노미야 야키소바를 판매하는 곳이다.

☎418-0067 静岡県富士宮市宮町4-23
10:00~18:00 +81 54 425 2061

©Kanesue, on flickr

햄버거&카페 누마즈 버거
Hamburger&Cafe沼津バーガー

미나토 83번지 안에 있는 햄버거 가게. 심해어를 사용해 만든 독특한 버거를 판매한다.

☎410-0845 静岡県沼津市千本港町83-1
9:00~18:00(주말은 19:00까지 운영)
+81 55 951 4335

고텐바 프리미엄 아웃렛 御殿場プレミアムアウトレット

일본 최대급 아웃렛. 도쿄 돔 9배에 달하는 부지에 약 290개의 점포들과 호텔과 온천시설도 있어 느긋하게 머물다 갈 수 있다.

☎412-0023 静岡県御殿場市深沢1312
10:00~20:00 (동절기는 19:00까지) +81 55 081 3122

고텐바고원 토키노스미카 御殿場高原時之栖

대형 온천 리조트 시설. 각종 일루미네이션, 분수쇼, 야간 라이트업 등 다채로운 행사로 유명하다. 그 외에도 '고텐바고원 맥주' 레스토랑과 금붕어 수족관, 각종 스포츠 시설 등 관광지들이 밀집되어 있다.

☎412-0033 静岡県御殿場市神山719 17:00~21:30 +81 55 087 3700

대표 명소

후지산 세계유산센터
富士山世界遺産センター

후지산을 테마로 한 영상, 전시 시설. 외부에는 후지산을 거꾸로 해 놓은 듯한 형상의 조형물이 있다.

☏418-0067 静岡県富士宮市宮町5-12
9:00~17:00 +81 544 21 3776

다누키 호수 田貫湖

아사기리고원의 산속에 위치한 조용한 호수. 둘레 약 4km의 호수 주변으로 한적한 보도교가 설치되어 있다.

☏Lake Tanuki, 猪之頭 富士宮市 静岡県 418-0108

체험 🚡

©Bong Grit. on flickr

마카이노 목장 まかいの牧場

후지노미야시에 있는 체험형 테마 목장으로 동물들을 가까이서 볼 수 있다. 소 젖 짜기 등의 각종 체험행사와 놀이 시설이 풍부하다.

☎ 418-0104 静岡県富士宮市内野1327-1
9:30~17:30(변동 가능)
+81 54 454 0342

©ajari. on flickr

후모톳바라 캠핑장 ふもとっぱら

후지산이 바로 눈앞에 펼쳐지는 광활한 부지의 캠핑장. 인근에서는 패러글라이딩 등 액티비티 체험을 할 수 있는 곳도 있다.

☎ 418-0109 静岡県富士宮市麓156 +81 544 52 2112

아사기리푸드파크 朝霧フードパーク

아사기리고원에 있는 체험형 푸드파크. 우유 공방, 과자 공방, 일본주 공방 등에서 견학과 시식이 가능하다.

☎418-0101 静岡県富士宮市根原449-11
9:30~16:00(목 휴무) +81 544 29 5101

©kai_low, on flickr

누마즈항 심해수족관 沼津港深海水族館

심해를 테마로 한 누마즈시 수족관. 백악기에 멸종된 어류인 실러캔스의 냉동개체를 볼 수 있는 세계 유일의 수족관이다.

☎410-0845 静岡県沼津市千本港町83
10:00~18:00 +81 55 954 0606

시미즈쵸의 카키타가와 공원(柿田川公園)에 있는 에메랄드빛 우물. 1일 100만t의 용수량을 자랑한다.

벚꽃이 핀 카와즈쵸의 마을

©Raita Futo, on flickr

4) 시즈오카현 이즈권역

시즈오카현 이즈권역은 온천 관광이 중심이다. 일본 3대 온천 지역으로 불리는 아타미시는 이즈여행의 필수 방문지이다. 이즈시에 있는 슈젠지 온천 역시 온천 여행에서 빠질 수 없는 명소다. 이토시와 시모다시는 바다를 면하고 있는 해안 도시들로 관광 자원이 풍부하다. 일본에서 벚꽃이 가장 일찍 개화하는 카와즈쵸는 이즈의 남단에 있다. 와사비 재배의 발상지인 이즈를 여행할 때는 와사비 아이스크림을 먹어 보는 일도 빼놓으면 안 된다. 또한 이즈에는 아름다운 해변도 많다.

이즈권역 추천 코스

이즈권역은 슈젠지 온천마을이 있는 이즈시와 해변과 온천으로 유명한 아타미시가 관광의 중심지이다. 미시마시의 경우, JR미시마역이 JR시즈오카역과 직통으로 연결되기 때문에 접근성이 좋다.

미시마시 코스

JR미시마역 → 라쿠쥬엔 201p → 우나기 사쿠라야 200p

이즈시+미시마시 1박 2일 코스

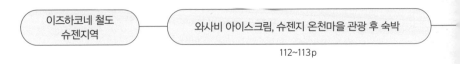

이즈하코네 철도 슈젠지역 → 와사비 아이스크림, 슈젠지 온천마을 관광 후 숙박 112~113p

아타미시 도보 코스 (202~204p)

JR아타미역 → 오미야노마츠(칸이치와 오미야의 동상)

키운카쿠 → 헤이와도오리상점가&나카미세상점가

또한 미시마시는 지리적으로 동부권역의 누마즈시나 카키타가와 공원이 있는 시미즈쵸와도 가까워 동부권역과 함께 관광하는 경우가 많다.

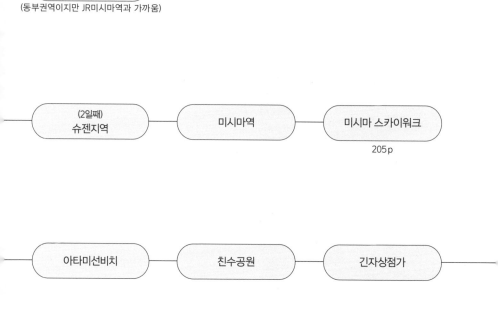

시미즈쵸 카키타가와
공원
(동부권역이지만 JR미시마역과 가까움)

(2일째)
슈젠지역

미시마역

미시마 스카이워크
205p

아타미선비치

친수공원

긴자상점가

대표 명소

우나기 사쿠라야 うなぎ桜家

160년의 역사를 자랑하며, 후지산의 용수를 이용하는 미시마시의 대표적인 우나기 요리점.

☎411-0856 静岡県三島市広小路町13-2

11:00~20:00 (브레이킹 타임 3:30~17:00, 수휴무)

+81 55 975 4520

©Koji Horaguchi, on flickr

이토 마린타운 伊東マリンタウン

바닷가에 위치한 레스토랑, 쇼핑, 온천들이 있는 쇼핑단지다. 다채로운 건물들과 요트들의 풍경이 아름답다.

☎414-0002 静岡県伊東市湯川571-19

9:00~18:00 +81 55 738 3811

©下田市観光協会

페리로드 ペリーロード

미국의 페리제독이 시모다항에 상륙 후 걸었다는 약 700m의 거리로 갤러리, 카페, 잡화점 등이 있다.

☎415-0023 静岡県下田市三丁目 3-13-12

Shichikenchiyo, 13

미시마 시립공원 라쿠쥬엔 楽寿園

1만 년 전 후지산 분화로 인해 생긴 용암석
과 그 위에 자생한 수목, 야생조류 등을 볼
수 있다.

☎411-0036 静岡県三島市一番町19-3
9:00~16:30 (월 휴무) +81 55 975 2570

©mari. on flickr

유모토칸 湯本館

일본 최초 노벨 문학상 수상자 가와비타 야
스나리가 작품을 집필한 곳으로 유명한 이
즈시의 전통 온천 료칸.

☎410-3206 静岡県伊豆市湯ケ島1656-1
+81 55 885 1028

죠렌노타키 浄蓮の滝

일본 폭포 100선 중 하나다. 폭포로 내려가
는 입구에는《이즈의 무희》동상과 와사비
전문점이 있다.

☎410-3206 静岡県伊豆市湯ケ島892-14
상시 개방 +81 558 85 1125

TIP

아타미시 도보여행 추천 코스

JR아타미역(熱海駅)에서 출발해 아타미역으로 돌아오는 정석 도보여행 코스를 알아보자. ①에서 ⑦까지 순서대로 움직이면 된다. 아타미시의 자세한 관광 정보는 아타미시 관광협회 홈페이지(https://www.ataminews.gr.jp)를 참고하자.

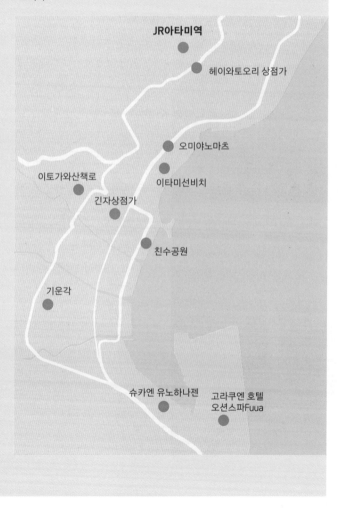

JR아타미역

헤이와토오리 상점가

오미야노마츠

이토가와산책로

이타미선비치

긴자상점가

친수공원

기운각

슈카엔 유노하나젠

고라쿠엔 호텔
오션스파Fuua

©Izu navi. on flickr

① 오미야노마츠(お宮の松)

소설 《곤지키야사》의 주인공인 칸이치와
오미야의 동상이 있는 곳.

📮413-0012 静岡県熱海市東海岸町15-45

©Naohiko Kitamura. on flickr

② 아타미 선비치(熱海サンビーチ)

오미야노마츠에서 도보 5분으로 이동할 수
있는 아타미시의 대표적인 해변.

📮413-0012 静岡県熱海市東海岸町

©Izu navi. on flickr

③ 아타미 친수공원(熱海親水公園)

아타미 선비치 옆에 있는 해변 공원.
데크 시설과 요트 정박 시설이 있다.

📮413-0014 静岡県熱海市渚町1 0
상시 개방
 +81 557 86 6211

©puffylet. on flickr

④ 긴자상점가(熱海銀座商店街)

쇼와 시대의 레트로 감성을 느낄 수 있는
상점가의 거리.

📮413-0013 静岡県熱海市銀座町1 1

⑥ 키운카쿠(起雲閣)

아타미의 3대 별장 중 한 곳으로 불리던 곳으로 다니자키 준이치로, 다자이 오사무, 시가 나오야 같은 근대시대 유명 문학가들이 묵었던 장소. 현재는 문화재로 등록되어 있다.

☎ 413-0022 静岡県熱海市昭和町4-2

9:00~17:00 +81 557 86 3101

©田中十洙 on flickr

⑦ 헤이와도오리상점가&나카미세상점가(平和通り商店街&仲見世商店街)

JR아타미역 앞에 있는 2개의 아케이드형 상점거리. 아타미의 특산품을 파는 상점과 다양한 식당들이 줄지어 있다.

☎ 413-0011 静岡県熱海市田原本町4-1

©puffyjet on flickr

미시마 스카이워크 三島スカイウォーク

길이 400m의 일본에서 가장 긴 보행자 전
용로 매단 다리. 주변에서는 스릴 넘치는 액
티비티 활동이 펼쳐진다.

☎411-0012 静岡県三島市笹原新田313
9:00~17:00 +81 55 972 0084

오무로산 大室山

화산 활동으로 생긴 높이 580m의 휴화산.
산 전체가 풀로 덮여 있으며 정상에는 직경
300m의 분화구의 가장자리로 산책로가 조
성되어 있다. 리프트를 타고 오를 수 있다.

☎413-0234 静岡県伊東市池672-2
9:00~16:00 +81 557 51 0258

죠가사키 해안 츠리바시 城ヶ崎海岸 つり橋

해안 절벽들 사이에 설치된 다리. 바닷가에
서 23m 높이에 위치해 있어 스릴 만점이다.

☎413-0231 静岡県伊東市富戸842-65

© 下田市観光協会

시라하마오오하마 해수욕장白浜大浜海水浴場&소토우라 해수욕장外浦海水浴場

시모다시에 있는 백사장 지역을 시라하마(白浜)라고 한다.

☎415-0012 静岡県下田市白浜

© 下田市観光協会

도우지 샌드 스키장田牛サンドスキー場

경사 70도, 길이 70m의 천연 모래 사면. 썰매를 렌트할 수 있다.

☎415-0029 静岡県下田市田牛
상시개방 +81 558 22 3048

©下田市観光協会

2장
岐阜県
기후현

일본의 정취를
만끽할 수 있는 곳,
기후현

오다 노부나가의 본거지, 기후시

기후현의 현청 소재지이자 최대 도시는 기후현 남부의 인구 약 40만 명의 기후시岐阜市다. 기후시는 도쿠가와 이에야스, 도요토미 히데요시와 함께 일본 센고쿠 시대 3영걸戰国の三英傑로 불리는 오다 노부나가織田信長의 본거지로 잘 알려져 있다. JR기후역에 내리자마자 만나게 되는 거대한 노부나가의 황금 동상은 기후현이 그의 땅이었음을 알려준다. '기후岐阜'라는 명칭도 노부나가가 직접 지은 것으로 알려져 있다. 노부나가는 1567년 미노 지방의 지배를 추진해 이나바산稻葉山의 정상에 있던 이나바산성稻葉山城을 함락시켰다. 그리고 이름을 기후성岐阜城으로 개명한 뒤 자신의 본거지로 삼았다. 일본의 정중앙에 위치한 기후는 센고쿠 시대 다이묘들 사이에서 "기후를 지배하는 자가 천하를 얻는다."라는 말이 유행할 만큼 중요한 지역이었다. 노부나가는 바로 이곳에서 전국통일의 포석을 다진 것이다.

JR기후역 북쪽 출구 광장과 오다 노부나가의 동상.

과거 이나바산이라고 불렸던 킨카산金華山의 정상에 있는 기
후성은 현존하는 일본의 성 중 최고 고도를 자랑하는 성이다. 특히
보름달이 매우 크게 조망되는 장소로 유명하다. 기후성의 천수각
은 1956년에 재건된 것으로, 천수각에 오르면 나가라강長良川을 끼

일본 최고의 고도를 자랑하는 기후성과 슈퍼문의 장관.

기후성의 천수각에서 내려다 본 기후시의 풍경.

고 있는 드넓은 노비평야濃尾平野와 낮은 산들, 그리고 기후시의 시가지가 한눈에 내려다보인다. 기후성은 기후시에 있는 기후 공원과 킨카산의 정상을 이어주는 킨카산 로프웨이를 타고 갈 수 있다.

킨카산 주변 관광지

©岐阜市digital archive

킨카산 로프웨이(岐阜金華山ロープウェイ)

기후 공원과 킨카산 정상을 이어주는 로프웨이로 약 4분이면 킨카산 정상에 도착한다.

☎ 500-8734 岐阜県岐阜市千畳敷下257
+81 58 262 6784

©kanonn, on flickr

킨카산 다람쥐마을(金華山リス村)

로프웨이로 킨카산 정상역(山頂駅)에 가면 인근에 다람쥐마을이 있다.

☎ 岐阜県岐阜市5番金華山国有林3182
+81 58 262 6784

기후시에는 기후성만큼 유명한 것이 또 하나 있다. 바로 1,300년 전통의 은어 잡이 낚시 축제 우카이鵜飼다. 우나기는 나가라강에서 5월 중순부터 10월 중순까지 매일 밤 이뤄지는데, 이것은 일반적인 낚시와 다르다. 바다 철새인 가마우지를 이용해 물고기를 잡는 독특한 낚시법이다. 어두운 밤에 뱃머리에 화톳불을 단 목조선을 타고 강에 나가 가마우지를 풀어 은어를 낚는 모습은 진기하기 그지없다. 가마우지를 다루는 명인들은 '우쇼鵜匠'라고 한다. 기후시에 현존하는 우쇼는 6명으로 일본 왕실의 사무를 관장하는 궁내청宮內庁 소속이며 인간문화재로 추앙받는다. 우카이에

이용되는 가마우지들은 우쇼에 의해 훈련되며 낚시에 나가는 날은 아침부터 굶는다고 한다. 보통 하루에 12마리의 가마우지가 우카이에 동원된다. 기후시에서는 우카이를 관광 상품화화여 일반인들도 목조선을 타고 우카이 현장을 관람할 수 있게 했다. 일본에 여러 차례 방문했던 찰리 채플린은 우카이를 보고 매우 신기해

가마우지를 이용한 은어 잡이인 우카이를
구경하는 관람객들.

하며 두 차례나 관람을 했다고 한다.

　기후현은 일본 역사에서 가장 크고 중요한 전투 중 하나였던 세키가하라関ヶ原 전투의 무대이기도 하다. 기후시에서 서쪽으로 약 30km 떨어진 기후현 후와군岐阜県不破郡에 속한 세키가하라쵸関ヶ原町가 바로 그곳이다. 세키가하라 전투는 일본의 지배권을 놓고 도요토미의 사후 그의 최측근이었던 이시다 미츠나리를 중심으로 한 서군과 도쿠가와 이에야스를 중심으로 한 동군이 맞붙은 전투였다. 약 17만 명의 대군이 벌인 이 전투의 승자는 이에야스의 동군이었다. 그 결과로 서일본의 도요토미 가문은 몰락하고 동일본 중심의 도쿠가와 시대, 즉 에도막부 시대(1603-1868)가 시작되었다.

©Yasuhisa Yamazaki, on flickr

기후현 세키가하라쵸에 있는 세키가하라 전투 터.

끊임없는 내전으로 고통받던 이전 시대들과는 달리 에도 시대는 큰 혼란이나 전쟁이 없는 평화로운 새 시대였다. 그래서 지금도 일본에서는 '세키가하라'는 '중대한 승부처'나 '운명을 건 순간'이라는 의미를 지닌다. 세키가하라쵸에는 기후 세키가하라 고전장 기념관岐阜関ヶ原古戦場記念館과 세키가하라 역사민속학습관関ヶ原町歴史民俗学習館이 있다. 특히 기후 세키가하라 고전장 기념관은 세키가하라 전투 420주년을 맞이해 2020년에 개관한 시설로, 전투에서 이에야스의 마지막 진지였던 곳에 세워졌다.

찰리 채플린도 방문한 온천마을, 게로시

기후현 중부에 위치한 게로시下呂市는 유서 깊은 온천마을이다. 일본의 고문서 기록에 따르면 이 지역의 화산인 유가미네湯ヶ峰에서 10세기 초반부터 온천수가 용출돼 주민들이 이용하고 있었다고 한다. 1265년의 지진으로 유가미네에서 용출이 일시적으로 멈추었을 때는 백로가 날아와 새로운 용출 위치를 알려주었다는 '백로전설'이 내려온다. 백로가 알려준 위치가 바로 현재의 게로 온

게로 온천마을의 모습.

천마을이 있는 곳이다. 온천이 산에서 평지로 옮겨지면서 더욱 많은 사람들이 이곳을 찾게 되었다. 무로마치 시대의 문인이자 승려였던 반리슈쿠万里集九와 에도 시대 초기의 유학자 하야시 라잔林羅山은 그들의 시문집에 게로의 온천을 천하의 명천, 일본 3대 명천 등으로 소개했다. 게로 온천마을의 명성은 해외까지 알려져 유명 영화배우 찰리 채플린이 실제로 이곳을 방문해 온천을 체험했다. 게로 온천마을에는 지금의 유명세를 가져다준 반리슈쿠, 하야시 라잔, 그리고 찰리 채플린의 동상이 각각 세워져 있다.

일본 3대 명천

일본에서는 '3대 온천'이라는 말을 자주 사용한다. 여기에는 3가지 카테고리가 있다. 일본 3대 고천(日本三大古泉), 일본 3대 명천(日本三大名泉), 일본 3대 온천(日本三大温泉)이 그것이다. 3대 고천이란 가장 오래된 온천으로 효고현에 있는 아리마 온천(有馬温泉), 에히메현에 있는 도고 온천(道後温泉), 와카야마현에 있는 시라하마 온천白浜温泉이다. 이들을 3대 고천으로 부르는 이유는 8세기 나라 시대의 역사서인 《일본서기》와 《풍토기》에 등장하기 때문이다.

둘째로 3대 명천은 가장 이름난 온천인데, 평가한 인물에 따라 다소 차이가 있다. 그 중 가장 대표적인 분류는 하야시 라잔의 시문집에 등장하는 3개의 온천이다. 군마현에 있는 쿠사츠 온천(草津温泉), 효고현에 있는 아리마 온천(有馬温泉), 기후현에 있는 게로 온천(下呂温泉)이 그들이다. 아리마 온천은 3대 고천이자 3대 명천인 것이다.

셋째로 3대 온천이란 관광객이 가장 많이 찾는 온천을 말한다. 여기에는 가나가와현의 하코네 온천(箱根温泉), 오이타현의 벳푸 온천(別府温泉), 시즈오카현의 아타미 온천(熱海温泉)이 있다.

게로 온천마을에 있는 반리슈쿠의 동상.

현재 게로 온천마을에는 마을 중앙을 흐르는 히다강飛騨川의 여울 양옆으로 온천료칸과 숙박시설들이 줄지어 들어서 있다. 마을 중앙에는 원천 샘으로 알려진 분천지*가 있으며 마을 곳곳

개구리가 그려져 있는 게로시의 맨홀 뚜껑.

에 무료로 이용할 수 있는 노천탕과 10여 개의 족탕 시설이 있다. 게로 온천의 수질은 알칼리성이며 pH 9.2의 천연비누와 같은 촉감을 느낄 수 있다. 물에 몸을 담그기만 해도 피부가 매끈매끈해져서 '미인의 물'이라고도 부른다. 참고로 '게로ゲロ'는 일본어로 개구리의 울음소리를 나타내는 단어이다. 그래서 게로 온천마을 주변에는 개구리와 관련된 다양한 조형물이 설치되어 있다.

게로 온천마을 인근에는 후술하게 될 '시라카와고白川鄕'의 축소판인 갓쇼무라合掌村가 있다. 집의 지붕이 눈이 많이 쌓여도 무게를 견디기 위해 높고 가파른 삼각형 모양으로 만들어졌다. 이 형태가 양손을 합장하는 모습과 비슷해 '합장촌'이라는 이름이 지어졌다. 합장촌은 실제 시라카와고의 갓쇼즈쿠리合掌造り 가옥을

---

* 　噴泉池, 샘이 솟아난 연못

10여 채 이축해 조성한 야외박물관이다. 300여 년 전 기후현 북부 호설 지역의 가옥과 생활양식을 잘 알 수 있다. 갓쇼무라 아래에서는 매일 오전에 이데유 아침시장いでゆ朝市이 열린다. 이데유 아침 시장에서는 매일 게로시에서 재배된 야채류를 비롯해 특산품인 토마토 주스와 블루베리잼, 후나시메지 버섯, 향토술 등을 판매한다.

온천마을에 있는 온천사温泉寺는 탕약사여래湯薬師如来를 본존으로 모시는 절이다. 백로전설에 따르면 백로가 온천의 위치를 알리기 위해 날아가 앉았던 소나무 아래에서 약사여래상이 발견되었다고 한다. 온천사는 마을의 높은 지대에 있어 173개의 가파른 계단을 올라야 한다. 온천사의 본전에 오르면 게로 온천마을을 한

©Syoko Matsumura, on flickr

마을 곳곳에 무료 족탕 시설이 있다.

눈에 조망할 수 있다. 게로시는 온천의 유명세로 인해 몇몇 영화와 드라마의 로케이션 장소로도 등장했다. 한일 공동프로젝트 드라마인 〈나쁜 남자〉도 그 중 하나다. 일본에서는 〈적과 흑赤と黑〉이라는 이름으로 방영된 이 드라마에서는 게로 온천마을과 간다테 공원がんだて公園 등이 등장한다.

게로 온천마을에 있는 갓쇼무라. 시라카와고의 축소판이다.

작은 교토, 타카야마시

기후현 북부에 위치한 타카야마시高山市는 기후현 관광의 중심지다. 미쉐린 여행가이드로부터 '반드시 가봐야 할 곳'으로 별 3개를 받을 만큼 국제적인 인지도가 높은 관광도시이다. 일본의 '북알프스'로 불리는 히다산맥이 지나는 곳으로 히다타카야마시飛騨高山市라고도 부른다. 일본에서 3번째로 높은 산인 호타카다케穂高岳도 이곳에 있다. 타카야마시는 일본 전국의 시정촌市町村 중 가장 넓은 면적을 자랑하는 도시로, 면적의 약 92%는 산과 숲으로 이루어진 산악도시다. 그럼에도 불구하고 풍부한 관광 자원 덕분에 일본 국내외에서 매년 수백만 명의 관광객들이 찾아오고 있다.

타카야마시의 시가지는 산으로 둘러싸인 고산 분지에 조성되어 있다. 시가지에는 에도 시대부터 메이지 시대에 걸쳐 지어진 건축물과 도시의 형태가 그대로 보존되어 있다. 예로부터 타카야마의 솜씨 좋은 목공 기술자들은 교토의 절과 신사를 짓는 일에 동원되는 일이 많았다. 타카야마시를 '작은 교토小京都'라고 부르는 이유는 두 도시의 건축물이 같은 목수들의 손길로 만들어져 그 모습이 서로 빼닮았기 때문이다. '오래된 거리'라는 뜻의 후루이마치나미古い町並라고 불리는 타카야마시의 시가지는 전통적 건조물 보존지구로 지정되어 있다. JR타카야마역에서 도보로 10~15분 내

타카야마 시가지의 거리인 카미산노마치(上三之町).

외 거리라서 접근성이 좋아 관광객들로 늘 붐비는 곳이다.

이곳의 대표적인 건축물로는 1600년대에 지어진 타카야마진야高山陣屋를 들 수 있다. 진야陣屋란 에도막부의 행정, 경찰, 사법 분야를 담당하던 관청이다. 에도 시대 말까지 일본 전국에 60여 곳이 있었는데 현재까지 남아있는 진야는 타카야마진야가 유일하다고 한다. 메이지 시대의 상인인 쵸닌町人들이 살던 집, 쵸카町

家도 여러 채 남아있다. 그 중에서도 1907년에 건축된 요시지마 가 주택吉島家住宅이 가장 유명하다. 이 건축물은 메이지 시대에 양 조업 가문으로 명성이 높았던 요시지마가의 저택으로 화려하고 입체적인 내부 구조가 특징이다. 1879년에 건축된 쿠사카베 민 예관日下部民藝館은 메이지 시대의 거상이었던 쿠사카베 가문의 주 택이다. 요시지마가 주택과 쿠사카베 민예관은 민가 건축물로서 는 처음으로 국가 중요문화재로 지정된 호화로운 건축물들이다. 1862년에 건축된 마츠모토가 주택松本家住宅은 타카야마 시내에서 가장 오래된 쵸카 건축물로 표준적인 쵸닌의 주택이다.

타카야마시는 먹거리로 유명하다. 일본에서는 '타카야마'하면 히 다규飛騨牛를 떠올리는 이들이 많다. 타카야마시는 일본 3대 와 규日本三大和牛 중 하나인 히다규의 본고장이다. '일본 3대 와규'는 공식적인 분류가 있는 것은 아니다. 다만 효고현의 고베규神戸牛와 미에현의 마츠사카규松坂牛는 3대 와규를 논할 때 빠지지 않는 편 이다. 그리고 기후현의 히다규飛騨牛, 시가현의 오미우시近江牛, 야 마가타현의 요네자와규米沢牛가 나머지 한 자리에 거론된다. 타카 야마의 시가지 안에는 히다규 요리를 취급하는 식당이 많은데 스 테이크, 스시, 꼬치구이 등 다양한 요리 형태가 있다. 특히 박잎 위 에 히다규와 일본식 된장인 미소, 야채류를 함께 올려 구워먹는 '호오바미소야키朴葉味噌焼き'는 타카야마시의 유명한 향토요리다. 히다규는 다른 와규에 비해 특히 마블링이 풍부하고 부드러운 식

타카야마진야.

요시지마가의 주택(좌)과 쿠사카베가 민예관(우).

감을 가지고 있다.

면 요리 중에는 히다 소바와 타카야마 라멘이 유명하다. 히다 소바는 타카야마 지역에서 재배한 메밀가루를 사용해 수타로 만들어 고소한 향이 각별하다. 타카야마 라멘은 1920~30년대부터 '중화소바中華そば'라고 불리며 타카야마시내 포장마차에서 팔리던 면 요리가 기원이다. 담백한 간장국물을 베이스로 한 얇고 꼬불꼬불한 면이 특징이다. 더불어 보통의 일본 라멘이 스프와 소스를 따로 만드는 것과 달리 타카야마 라멘은 스프와 소스를 함께 끓이는 것 또한 특징이다.

타카야마시는 17세기부터 양조업이 발달해 유수의 술 생산지로도 유명하다. 주재료인 '히다호마레'라 불리는 쌀은 북알프스의 깨끗한 물과 매서운 겨울 추위가 만들어내는 맛있는 쌀이다. 시가지 내에 약 6~8곳의 양조장이 있으며 각각의 독특한 맛과 향, 그리고 색감을 가지고 있다. 참고로 일본에서는 지역의 향토술을 '지자케地酒'라고 부른다. 길거리 음식으로는 납작한 떡에 된장소스를 발라 구워낸 고헤이모찌五平餅, 동그란 떡에 고소한 간장소스를 바른 미타라시당고みたらし団子, 히다규를 넣은 찐빵 등이 유명하다. 나가라강에서 잡힌 은어를 통째로 구워먹는 은어 소금구이アユの塩焼き도 타카야마의 명물이다.

타카야마시에서는 매일 오전 두 곳에서 아침시장이 열린다. 시가지를 관통하는 미야가와강宮川 옆에서는 미야가와 아침시

히다규를 이용한 타카야마의 향토요리, 호오바미소야키.

장宮川朝市이, 타카야마진야 앞에서는 진야 아침시장陣屋朝市이 열린다. 규모는 그리 크지 않지만 메이지 시대 중기부터 300년이 넘게 이어져 온 유서 깊은 행사다. 아침시장에서는 지역 주민들이 좌판을 펼쳐놓고 직접 기른 야채와 지역 특산물, 간단하지만 특색 있는 요리, 액세서리 등을 판매한다. 타카야마의 주요 관광 시설들이 문을 열기 전에 가볍게 돌아볼 수 있어서 지역 주민들뿐 아니라 외지에서 찾아온 관광객들로 항상 붐빈다.

히다다카야마 지방은 옛날부터 마츠리가 유명했다. 타카야마 시의 타카야마마츠리高山祭는 교토의 기온마츠리祇園祭, 사이타마현의 지치부요마츠리秩父夜祭와 함께 '일본 3대 아름다운 마츠리日

고헤이모찌(좌)와 미타라시당고(우).

©飛騨市観光協会

©飛騨・高山観光コンベンション協会

타카야마의 지자케.

本三大美祭'로 꼽힌다. 타카야마마츠리는 봄 축제와 가을 축제로 나뉜다. 봄 축제인 산노마츠리山王祭는 히에신사日枝神社의 마츠리로 매년 4월 14일, 15일에 열린다. 12대의 수레 행렬과 꼭두각시 인형극 봉납からくり奉納이 주요 볼거리다. 14일 밤에는 1,000여 개의 등불을 켠 노점음식점, 야타이 시가지를 도는 야간행사도 이어진다. 가을 축제인 하치만마츠리八幡祭는 사쿠라야마 하치만궁의 마츠리로 매년 10월 9일,10일에 열린다.

타카야마를 소개할 때 사루보보さるぼぼ라는 캐릭터를 빼놓을 수 없다. 사루보보란 타카야마 사투리로 '아기 원숭이'라는 의미다. 옛날부터 매서운 겨울 추위 때문에 밖에서 놀기 어려웠던 타카야마의 아이들을 위해 만들어준 인형이 기원이라고 한다. 견당사로 파견되었던 일본인들이 중국에서 가지고 들어온 것이라는 설도 있다. 사루보보는 전통적으로 전신이 붉은색인데, 그 이유는 붉은색이 유행병을 막는다는 믿음 때문이라고 한다. 또한 눈이 없

미야가와 아침시장(좌)과 진야 아침시장(우)의 모습.

©飛騨・高山観光コンベンション協会

타카야마시의 가을 마츠리인 하치만마츠리.

는 것이 특징인데, 최근에는 눈을 그려넣으며 몸통 색 역시 다양
하게 만들어지고 있다. 색깔 별로 건강운, 연애운, 금전운, 합격운
등의 의미를 담아 오마모리(お守り, 부적)나 액세서리의 형태로 판매
된다.

타카야마시의 캐릭터,
사루보보.

타카야마의 온천마을, 오쿠히다온센고

오쿠히다온센고奧飛騨温泉郷는 타카야마시의 북동쪽 산악지대에 위치한 5곳의 온천 지역을 통칭하는 지역명이다. 5곳의 온천은 히라유平湯 온천, 후쿠지福地 온천, 신히라유新平湯 온천, 도치오오栃尾 온천, 신호타카新穂高 온천을 말한다.

　5곳의 온천 지역은 각각의 역사가 있고 용출량과 수질도 가지각색이다. 역사가 가장 깊은 히라유 온천은 센고쿠 시대에 히다지방 점령을 추진하던 다케다 신겐과 그의 군대에 의해 발견된 곳이다. 그들은 산에서 뿜어져 나오는 유황가스와 피로로 기진맥진해 있었는데 늙은 흰색 원숭이 한 마리가 나타나 히라유 온천의 위치를 알려주었다고 한다. 신겐과 그의 군사들은 그곳에 몸을 담그고 기력을 회복했다고 전해진다.

　5곳의 온천지 중 가장 북쪽에 위치한 신호타카 지역은 '일본의 지붕'이라 불리는 북알프스 지역에 있다. 이 지역은 온천뿐 아니라 신호타카 로프웨이도 대단히 유명하다. 이 로프웨이는 일본에서 3번째로 높은 호타카다케穂高岳를 비롯해 북알프스의 대자연과 3,000m 급 고봉들을 360도 파노라마 뷰로 만끽할 수 있다. 또한 신호타카 로프웨이의 곤돌라는 2층 구조로 되어 있는데 이는 일본에서는 유일하며 세계적으로도 희귀한 구조다. 이 로프웨이

신호타카 로프웨이
(新穂高ロープウェイ)
☎ 506-1421 岐阜県高山市奥飛騨温泉郷神
坂710-58
+81 578 89 2252

는 제1구간과 제2구간으로 나뉘어져 있다. 출발역인 신호타카온센역新穂高温泉駅에서 시라카바다이라역しらかば平駅까지가 제1구간이고, 시라카바다이라역에서 종착역인 니시호타카구치역西穂高口駅까지가 제 2구간이다.

노리쿠라 타타미다이라.
☎ 506-2254 岐阜県高山市丹生川町岩井谷1223

©Soumei Baba, on flickr

오쿠히다 온천마을의 남쪽에는 호타카다케와 함께 북알프스의 고봉 중 하나인 노리쿠라다케乘鞍岳가 솟아 있다. 이 산의 약 2,700m 지점에는 넓은 평원이 펼쳐져 있는데 이곳을 노리쿠라 타타미다이라乘鞍疊平라고 한다. 이곳에는 일본에서 가장 높은 버스 정류장인 노리쿠라 타타미다이라 버스터미널이 있다. 고도로 치면 백두산 꼭대기에 버스 정류장이 있는 셈이다.

노리쿠라 타타미다이라를 방문한다면 약 3시간짜리 하이킹 코스에 도전해 보자. 버스터미널에서 내리면 첫 번째 코스로 도보 5분 거리에 타타미다이라의 랜드마크인 츠루가 연못鶴ヶ池으로 갈 수 있다. 그 후에는 20분 정도 걸어서 '노리쿠라다케의 전망대'로 불리는 다이코쿠다케大黑岳로 갈 것을 추천한다. 그리고 다시 30분 정도 걸어서 타타미다이라 일대를 조망할 수 있는 후지미다케富士見岳에 이어 마지막으로 버스터미널 인근에 있는 꽃밭인 오하나바타케お花畑로 가는 것을 추천한다. 고산식물로 뒤덮여 있는 이곳은 가지각색의 꽃들을 볼 수 있는 7~8월이 최고의 하이킹 시즌이다.

노리쿠라의 오하나바타케(꽃밭).

애니메이션 〈너의 이름은〉의 배경, 히다후루카와

히다후루카와飛驒古川는 기후현 최북단에 있는 도시인 히다시飛驒
市의 중심가인 후루카와쵸古川町 일대를 말한다. JR히다후루카와
역飛驒古川駅은 JR타카야마역에서 불과 15km 떨어져 있는 역으로
JR타카야마역에서 전철로 17분 정도의 거리다. 히다후루카와는
아즈치모모야마 시대에 마스시마성增島城의 조카마치城下町*로 정

---

*   일본 센고쿠 시대 이후에 등장한 영주의 거성을 중심으로 형성된 도시.

JR히다후루카와역.
☎ 509-4225 岐阜県飛驒市古川町金森町8

비된 아름다운 마을이다. 마스시마성의 영주는 무가武家와 상인商人의 집을 구분하기 위해 이 마을에 세토강瀬戸川 용수로를 만들었다. 무가의 주택과 창고는 흰색 벽으로 지어졌는데, 세토강 용수로를 따라 무가의 주택과 창고들이 줄지어 있다. 이 거리를 시라카베 도조가이白壁土蔵街라고 한다. 세토강 용수로와 함께 히다후루카와에서 가장 유명한 곳이다. 특히 세토강 용수로에는 약 1,000여 마리의 잉어가 살고 있어 이곳을 찾는 관광객들의 눈을 즐겁게 한다.

시라카베도조가이와 세토강 용수로.

©飛騨市観光協会

히다후루카와는 2016년 개봉한 애니메이션 〈너의 이름은〉의 주요 배경지로 등장해 더욱 유명해졌다. 세계적으로 인기를 끌었던 이 애니메이션은 도쿄에 사는 소년과 히다 지방의 산골마을에 사는 소녀의 몸이 서로 뒤바뀐다는 설정이다. 소녀가 사는 히다 지방 산골마을의 무대가 된 곳이 바로 히다후루카와이다. 애니메이션 속에는 히다후루카와역과 히다시 도서관 등이 실제와 똑같은 모습으로 등장한다. 또한 타카야마 라멘과 고헤이모찌 등 히다 지방의 음식과 실제 가게의 모습도 등장한다. 지금도 후루카와쵸에 가 보면 애니메이션에 등장한 가게들이 포스터를 걸어놓고 '성

히다후루카와역의 모습.

지순례'를 위해 이곳을 찾아오는 관광객들을 맞이하고 있다.

히다후루카와는 〈너의 이름은〉 성지순례 장소 외에도 둘러볼
만한 장소가 많다. 히다후
루카와마츠리 회관은 천하
의 기제天下の奇祭라고 불리는
후루카와마츠리의 장엄함을
체험해 볼 수 있는 시설이
다. 1870년에 창업한 와타나
베 주조점渡辺酒造店은 히다

히다의 향토술. 가운데 푸른색 병이 호우라이다.

와타나베 주조점.

지방의 이름난 주장酒蔵이다. 일본의 국민 작가로 불리는 시바 료타로가 애음했던 것으로 알려진 호우라이蓬莱를 비롯해 수많은 명주銘酒를 만들고 있는 가게다. 또한 '산테라三寺'라고 불리는 3개의 사찰인 혼코지本光寺, 엔코지円光寺, 신슈지真宗寺도 유명하다. 특히 혼코지는 목조 건축물로서 히다지방의 사찰 중 가장 큰 본당을 가지고 있다.

©飛驒市観光協会

히다후루카와의 산테라 중 하나인 혼코지.

세계문화유산의 마을, 시라카와고

기후현 북서부에 위치한 시라카와촌白川村은 겨울철만 되면 마을 전체가 눈으로 뒤덮이는 호설 지역이다. 이러한 기후 때문에 이 지역의 마을에는 약 300년 전부터 삼각형의 지붕을 가진 갓쇼즈쿠리合掌造り라는 독특한 가옥이 생겨났다. 시라카와촌의 오기마치荻町에는 이러한 가옥들의 집락지가 형성되어 있는데 바로 이곳을 '시라카와고白川郷'라고 한다. 전통적인 가옥과 생활양식을 그대로 보존하고 있는 이 마을은 1995년 '시라카와고·고카야마의 갓쇼즈쿠리 집락白川郷·五箇山の合掌造り集落'이라는 이름으로 유네스코 세계문화유산에 등록되었다. 참고로, 고카야마는 기후현과 맞닿아 있는 도야마현富山県의 갓쇼즈쿠리 마을이다. 기후현의 시라카와고에는 약 110여채의 갓쇼즈쿠리 가옥이 있다.

갓쇼즈쿠리의 지붕은 눈 무게를 견딜 수 있도록 억새풀을 이용해 80cm 이상의 두께로 단단하게 지어져 있다. 지붕의 경사는 50~60도에 이를 만큼 가파른데 이것은 눈을 쉽게 털어내기 위해 고안된 형태이다. 가옥 내부의 1층은 보통 주거공간으로 사용하고 지붕 밑 다락은 양잠업 등의 가업을 하는 공간으로 사용한다. 주거 공간에는 일본의 농가에서 볼 수 있는 전통 화로 이로리囲炉裏가 있다. 이로리는 난방과 살충의 역할을 하며 그을음은 목재를

갓쇼즈쿠리의 집락지 시라카와고.

단단하게 만드는 효과가 있다. 그래서 옛날 시라카와고의 주민들은 1년 내내 불을 때고 지냈다고 한다.

시라카와고는 산간 지방에 있지만 JR나고야역이나 JR타카야마역에서 시라카와고 버스터미널로 가는 직행버스들이 있어 접근하기는 그리 어렵지 않다. 시라카와고에 방문한다면 마을 전경을 조망할 수 있는 전망대, 갓쇼즈쿠리 가옥 중 최대 규모를 가진 와다가和田家, 갓쇼즈쿠리 양식으로 지어진 절 묘젠지明善寺, 야외박물관 갓쇼즈쿠리 민가원野外博物館合掌造り民家園 등에 방문하는 것을 추천한다. 갓쇼즈쿠리 양식의 찻집이나 식당도 가볼 만하다.

일본 애니메이션 마니아라면 〈쓰르라미 울 적에〉의 배경지가 시라카와고라는 사실을 알고 있을 것이다. 특히 시라카와하치만 신사白川八幡神社는 극중 '후루데신사'로 등장한 장소로 성지순례자들이 반드시 찾는 곳이다. 신사의 배전에는 〈쓰르라미 울 적에〉의 등장인물을 그려놓은 에마絵馬*가 한가득 걸려 있다. 매년 10월 이 신사에서는 마을의 평안과 오곡 풍년를 기원하는 도부로쿠 마츠리どぶろく祭가 열린다. 도부로쿠란 우리나라의 막걸리와 비슷한 일본식 탁주이다. 도부로쿠마츠리가 열리는 날에는 탁주를 무료로 마실 수 있다.

---

* 5각형의 나무판에 소원을 적는 걸어놓는 것.

갓쇼즈쿠리 가옥 중 하나인 간다가(神田家) 내부의 이로리.

© 岐阜県白川村役場

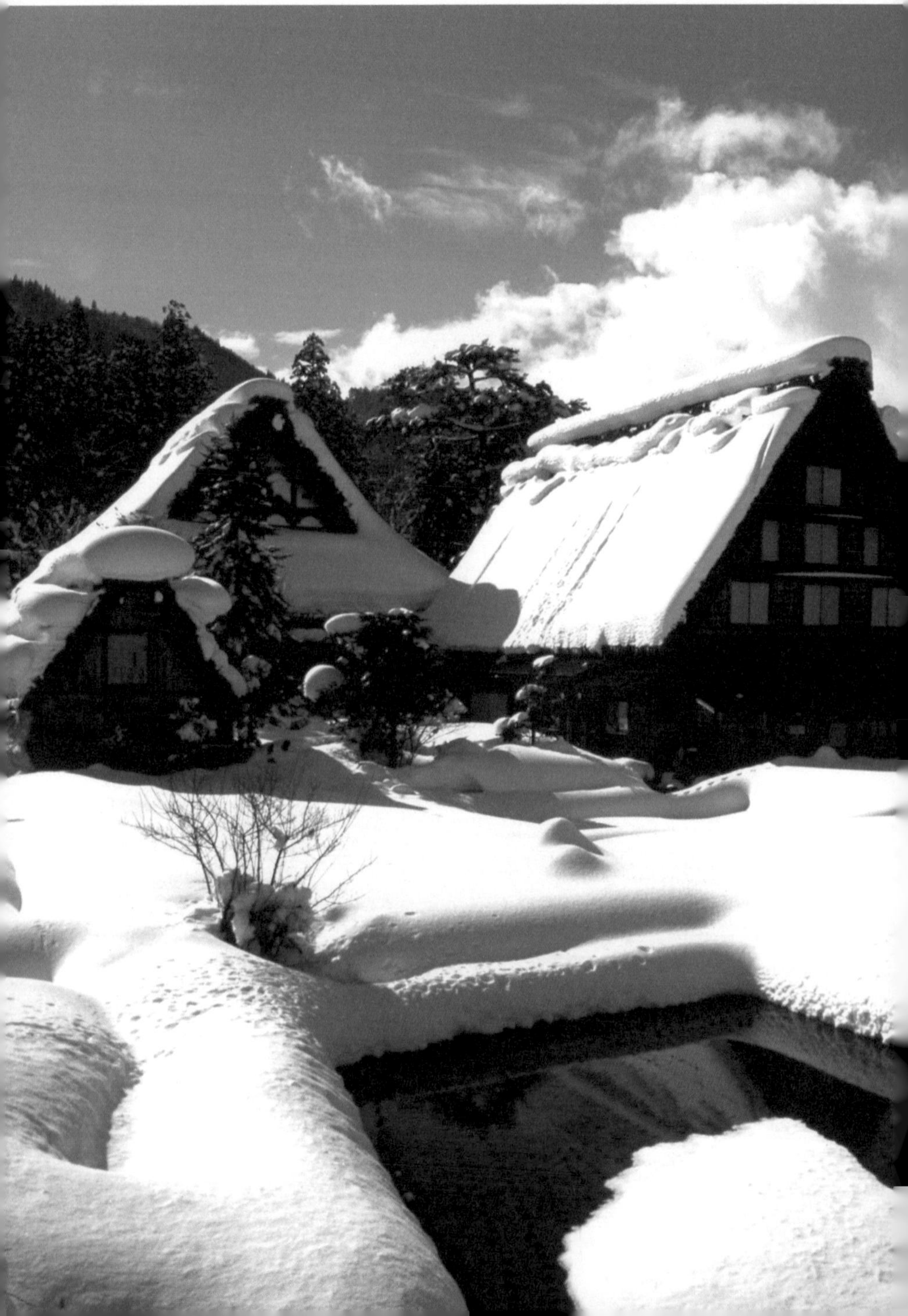

눈이 쌓인 묘젠지(明善寺)의 모습.

기후현
여행하기

기후현 여행에 앞서

기후현의 관광권역은 현청 소재지인 기후시를 비롯해 게로시, 타카야마시, 히다시, 시라카와고의 5개 권역으로 생각하면 된다.

기후현의 핵심 도시인 기후시岐阜市는 기후현의 현청 소재지이자 인구 약 40만 명의 최대도시다. 기후현의 주요 도시 중 츄부국제공항과 나고야시에서 가장 가깝다. 기후현의 다른 도시들이 대부분 산악지대인 반면 기후시의 지형은 평야와 낮은 산들로 이루어져 있다.

기후현의 개요

총면적
약 10,621.1㎢ (경상남도 약 10,541㎢)

총인구
약 204만 명 (2022년 기준 부산광역시 인구 약 336만 명)

현청소재지
기후현 기후시 야부다미나미니쵸메 1번 1호(岐阜縣 岐阜市藪田南二丁目1番1號)

지역구성
21개의 시(市), 19개의 정(町)

현 꽃
자운영

히다시

시라카와촌

타카야마시

게로시

기후시

히다콧테우시 飛騨こって牛

타케야마시의 시가지, 후루이마치나미에서 유명한 히다규 스시 전문점. 대기 손님이 많다면 인근에 있는 자매점인 킨노콧테우시(金乃こって牛)로 가도 된다.

☎506-0846 岐阜県高山市上三之町34
10:00~17:00 +81 577 37 7733

마사고소바 まさごそば

1938년 창업한 가게로 타카야마 라멘의 원조격 가게이다.

☎506-0013 岐阜県高山市有楽町31-3
11:10~16:00 (수 휴무) +81 577 32 2327

미야가와 아침시장宮川朝市

타카야마 시가지를 흐르는 미야가와 강을 따라 매일 오전에 열리는 아침시장.

☎ 506-0841 岐阜県高山市下三之町
+81 80 8262 2185

진야 아침시장陣屋朝市

타카야마의 또 다른 아침시장. 야채나 과일 등의 식품을 주로 판매한다.

☎ 506-0012 岐阜県高山市八軒町1-5
+81 577 32 3333

히다 고쿠분지飛騨国分寺

나라 시대에 일본 전국에 건립된 고쿠분지의 하나. 히다 지방 유일의 삼중탑이 유명하다.

☎ 506-0007 岐阜県高山市総和町1-83
9:00~16:00 +81 577 32 1395

타카야마진야高山陣屋

에도 시대 행정, 경찰, 사법 분야를 담당하
던 관청.

☎ 506-0012 岐阜県高山市八軒町1丁目24-5
8:45~17:00 +81 577 32 0643

요시지마가 주택吉島家住宅

메이지 시대 때 양조업 가문이었던 요시지
마가의 저택으로, 화려하고 입체적인 내부
구조가 특징이다.

☎ 506-0851 岐阜県高山市大新町1-51
금토일 10:20~15:00 +81 577 32 0038

히다노사토飛騨の里

국가중요문화재로 지정되어 있는 구와카야
마가(旧若山家)의 가옥을 비롯해 수백 년 된
히다지방의 가옥들을 견학할 수 있다.

☎ 506-0055 岐阜県高山市上岡本町1-590
8:30~17:00 +81 577 34 4711

체험

히다후루카와 산테라마이리 飛騨古川三寺まいり

200년 이상 이어진 전통 행사로 매년 1월 15일에 열린다. 후루카와쵸(古川町)에 있는 3개의 사찰인 엔코지(円光寺), 신슈지(真宗寺), 혼코지(本光寺)를 참배한다. 저녁에는 세토강 용수로를 따라 1,000개의 촛불에 불을 밝히고 소원을 비는 행사를 한다.

후루카와마츠리 古川祭

히다시를 대표하는 축제로 4월 19, 20일에 열린다. 후루카와쵸(古川町) 일대에서 진행하며, 오코시타이코(起し太鼓) 행사와, 야타이행렬(屋台行事) 행사가 있다.

일본 여행에서 빠질 수 없는 온천마을

1) 게로시

게로시의 온천마을은 대부분 JR게로역에서 도보로 이동할 수 있다. 자세한 숙박
정보는 게로온천 여관협동조합 홈페이지(http://www.gero-spa.or.jp/lg_ko)에서 확
인할 수 있다.

스이메이칸(水明館)

대형 온천 리조트 시설. 드라마 〈나쁜 남자〉에
등장했다.
☎509-2206 岐阜県下呂市幸田1268
+81 570 072 800

온천사(温泉寺)

게로 온천마을에 있는 사찰로 탕약사여래를 본존으로
모신다. 본당이 있는 곳까지 173개의 돌계단을 오르면
게로 온천마을의 전경을 한눈에 조망할 수 있다.
☎509-2202 岐阜県下呂市湯之島680
+81 576 25 2465

갓쇼무라(合掌村)

게로 온천마을 인근에 있는 갓쇼무라(합장촌)는
시라카와고에서 이축한 10동의 갓쇼즈쿠리 가옥을
전시해놓은 야외박물관이다.
☎509-2202 岐阜県下呂市森2369
8:30~17:00 +81 576 25 2239

2) 오쿠히다온센고

타카야마시의 온천마을인 오쿠히다온센고는 JR타카야마역의 노히버스(濃飛バス) 센터에서 버스로 약 1시간 거리이다. 타카야마역을 출발점으로 볼 때 히라유 온천이 가장 가깝고 신호타카 온천이 가장 멀다. 2곳 이상의 온천마을을 방문할 계획이라면 프리승차권을 구매하는 것이 이득이다.

히라유(平湯)온천

오쿠히다온센고의 현관문격인 온천마을이다. 버스터미널이 이곳에 있기 때문에 오쿠히다 관광의 거점 같은 곳이다. 원천수는 약 37개이며 숙박 시설은 약 22채가 있다. 일본 폭포 100선에 선정된 히라유오오타키(平湯大滝)가 인근에 있다.
☎506-1433 岐阜県高山市奥飛騨温泉郷平湯
하절기 6:00~21:00 동절기 8:00~19:00 +81 578 89 2626

히라유오오타키

신호타카(新穂高) 온천

북알프스의 산들에 둘러싸인 온천마을. 원천수 약 43개, 숙박 시설 약 36채로 오쿠히다 온천마을 중 규모가 가장 크며 호텔 등 리조트 시설이 들어서 있다.
☎506-1421 岐阜県高山市奥飛騨温泉郷神坂400-1

후쿠지(福地)온천

원천수는 약 14개이며 숙박 시설은 약 11채가 있다. 헤이안 시대 무라카미 천황(926-967)이 요양하러 왔었다는 이야기가 전해진다.
☎506-1434 岐阜県高山市奥飛騨温泉郷福地 (후쿠지온천 버스정류장)

〈너의 이름은〉의 실제 배경,
히다후루카와 성지순례 코스

©飛驒市観光協会

시라카베도조가이(白壁土蔵街)

흰색 벽을 가진 아즈치모모야마 시대 무가 창고 거리
세토강(瀬戸川) 주택가를 따라 흐르는 세토강의 용수로. 용수로에는 1,000여 마리의 잉어를 볼 수 있다.
주소 ☎509-4224 岐阜県飛驒市古川町殿町8-5

©飛驒市観光協会

히다후루카와 마츠리 회관
(飛驒古川まつり会館)

후루카와마츠리의 장엄함을 체험할 수 있는 문화 시설.
후루카와 축제 때 사용되는 야타이, 꼭두각시 인형, 대북
등의 전시체험 행사가 있다.
☎509-4234 岐阜県飛驒市古川町壱之町14-5
9:00~17:00 +81 577 73 3511

히다시 도서관(飛騨市図書館)

〈너의 이름은〉에 나오는 도서관의 실제 배경.

〒509-4232 岐阜県飛騨市古川町本町2-22
9:00~20:00 (월 휴무) +81 577 73 5600

소바쇼 나카야(蕎麦正なかや)

〈너의 이름은〉에서 타카야마 라멘을 먹은 가게.

〒509-4236 岐阜県飛騨市古川町三之町1-16
11:00~15:00 (수 휴무)
+81 577 73 2859

300년 역사를 가진 전통 마을, 시라카와고 여행 코스

시라카와고의 핫플레이스를 동선에 따라 ①부터 ⑥까지 정리해 보자. 출발점은 시라카와고 버스터미널로 설정하였다. 이 동선은 일본의 여행잡지 〈まっぷる〉에서 참고한 것이다. ⑦번의 시라카와하치만 신사는 번외로 들려보자.

Ankur Panchbudhe, on flickr

① 산성 천수각 전망대(城山天守閣 展望台)
시라카와고 갓쇼즈쿠리 마을을 한눈에 조망할 수 있는 전망대. 카페, 레스토랑 시설도 있다.
☎ 501-5627 岐阜県大野郡白川村荻町2269-1
+81 5769 6 1728

©bryan, on flickr

② 와다가(和田家)
시라카와고 갓쇼즈쿠리 가옥 중 최대 규모의 집. 건축된 지 300년이 넘었다.
☎ 501-5627 岐阜県大野郡白川村荻町山越997
9:00~17:00
+81 5769 6 1058

©Tamago Moffle, on flickr

③ 이로리(お食事処いろり)
시라카와고의 향토 음식을 맛볼 수 있는 식당.
두부요리가 일품이다.
☎ 501-5627 岐阜県大野郡白川村荻町374-1
10:00~22:00 (14:00~17:30 브레이크 타임)
+81 5769 6 1737

©Mie_J. on flickr

④ 문화찻집 쿄슈(文化喫茶 郷愁)

커다란 창문으로 시라카와고 마을을 바라보며 커피를
마실 수 있는 좌식 카페다.

☏ 501-5627 岐阜県大野郡白川村荻町107
10:00~15:30 (화 휴무)
+81 5769 6 1912

©Tamago Moffle. on flickr

⑤ 야외박물관 갓쇼즈쿠리 민가원
(野外博物館 合掌造り民家園)

중요문화재로 지정된 9채 포함, 총 25채의 갓쇼즈쿠리
가옥과 정원, 신사 등이 보존되어 있다.

☏ 501-5627 岐阜県大野郡白川村荻町2499 8:40~17:00
+81 5769 6 1231

⑥ 만남의 다리(であい橋)

107m의 외줄다리. 갓쇼즈쿠리 집락을 조망할 수 있는
포토스팟이다.

☏ 939-1977 富山県南砺市

⑦ 시라카와하치만 신사(白川八幡神社)

애니메이션 〈쓰르라미 울 적에〉에 등장한 도부로쿠
마츠리의 신사.

☏ 501-5627 岐阜県大野郡白川村荻町559

3장
愛知県
아이치현

과거와 현재의 교차점,

아
이
치
현

센고쿠 시대 3영걸의 고향, 아이치현

아이치현의 현청 소재지이자 최대 도시인 나고야시名古屋市는 인
구수가 약 230만 명으로, 도쿄, 요코하마, 오사카에 이어 일본에서
4번째 규모의 대도시다. 요코하마를 도쿄의 위성도시에 넣고 나
고야를 일본 제3의 도시로 분류하는 경우도 많다. 그 밖에 토요타
시豊田市와 오카자키시岡崎市 등이 아이치현의 주요 도시들이다. 아
이치현 서쪽에는 치타반도知多半島가, 동쪽에는 아츠미반도渥美半
島가 뻗어 있다. 치타반도에 위치해 있는 츄부 국제공항中部国際空
港은 일본 중부 지방을 대표하는 공항으로 일본 전국 90여 개 공항

츄부 국제공항의 모습.

중 국제선 이용객 기준 4위에 해당하는 공항이다. 아이치현뿐 아니라 기후현의 관광도 츄부 국제공항에서 출발한다.

　역사적으로 아이치현은 센고쿠 시대 3영걸의 출생지로 유명한 곳이다. 오다 노부나가와 도요토미 히데요시는 현재의 나고야시인 오와리국尾張国에서 태어났다. 도쿠가와 이에야스는 현재의 오카자키시인 미카와국三河国에서 태어났다. 나고야시에서는 매년 10월에 이들 3영걸의 행진을 주행사로 하는 나고야마츠리名古屋まつり를 개최한다. 또한 아이치현은 세계적인 자동차 기업인 토요

타Toyota의 발상지이자 본거지다. 토요타는 아이치현의 카리야시刈谷市에서 시작되었으며 현재 본사는 아이치현의 토요타시豊田市에 있다. 그 밖에 토요하시시豊橋市와 타하라시田原市 등에도 토요타의 공장이 있다. 아이치현은 역사적, 지리적, 산업적으로는 일본의 중심지 중 한 곳이지만 관광지로서의 위상은 상대적으로 낮은 편이었다. 하지만 2010년대 이후로는 관광 시설들을 적극적으로 유치하면서 관광 산업의 부흥을 꾀하고 있다.

토요타산업기술박물관.

미식의 도시 나고야

나고야시 여행의 출발점은 나고야역이다. 나고야역은 메이테츠뿐 아니라 JR, 긴테츠 등 주요 기차역들이 모여있다. 나고야역 주변으로는 고층빌딩이 여러 채 솟아 있는데 각각의 빌딩마다 호텔, 레스토랑, 쇼핑몰 등이 들어서 있다. 아이치현의 대표 도시 나고야는 정확히 말하면 B급 구루메의 도시다. 나고야만의 독특한 음식을 '나고야 밥'이라는 뜻의 나고야메시名古屋飯라는 애칭으로 부른다. 나고야에 가면 반드시 한두 가지 이상의 나고야메시를 먹어 봐야 한다. '나고야메시'로 배를 채우고 여행을 시작하고 싶다면 신칸센 개찰구와 연결되어 있는 지하상가인 에스카ㅈㅈ에 가보자. 미소카츠, 히츠마부시, 키시멘, 앙카케스파 등의 나고야메시를 파는 점포들을 만날 수 있다.

나고야메시 중 가장 유명한 것은 핫쵸미소八丁味噌*를 사용한 음식들이다. 핫쵸미소는 아이치현 오카자키시에서 주로 생산되며, 쌀로 만든 흰 된장인 시로미소白味噌와 차별화된다. 나고야를

---

* 장기 숙성된 붉은색의 콩 된장으로, 콩을 사용한 아카미소(赤味噌, 붉은 된장)의 일종이다.

대표하는 로컬푸드인 미소카츠味噌カツ는 돈카츠 위에 핫쵸미소로 만든 소스를 뿌려 먹는 요리다. 미소니코미우동味噌煮込みうどん은 핫쵸미소로 우려낸 국물에 우동면과 각종 야채, 계란, 새우튀김 등을 넣는 전골풍의 요리다. 도테니どて煮는 소 힘줄이나 돼지곱창을 핫쵸미소로 끓여내 졸인 음식으로 곤약 등의 부재료가 들어간다.

나고야에는 미소니코미우동 외에도 독특한 면 요리가 많은 걸로 유명하다. 첫 번째로 우리나라의 칼국수처럼 평평한 면을 사용하는 키시멘きしめん은 간장과 비슷한 아카츠유赤つゆ로 국물을 내는 것이 기본이다. 그리고 새우튀김, 어묵, 야채, 떡 등의 부재료가 들어간다. 가게에 따라 아카츠유 대신 다시마나 가쓰오부시로 맑은 국물을 내는 곳도 있다.

두 번째로 매운맛이 특징인 타이완 라멘台湾ラーメン은 닭고기 육수에 붉은 고추와 파, 그리고 다진 돼지고기를 듬뿍 넣은 매콤한 면 요리다. 나고야에서 중국식 면 요리를 팔던 한 가게에서 탄

나고야메시의 대표주자인
미소카츠.

칼국수와 우동을 합친 것 같은 느낌의
키시멘.

미소니코미우동과 도테니.

탄면을 개량해 만든 것으로 정작 대만에는 없는 스타일이다. 세
번째로 강한 후추 맛이 특징인 앙카케스파あんかけスパ는 스파게티
의 일종으로 토마토 소스에 후추를 강하게 치고 소시지, 베이컨,
버섯, 양파, 피망 등을 넣은 독특한 면 요리다.

　일본식 장어덮밥, 우나기동ウナギ丼은 일본 어디에나 있는 음
식이지만 나고야에서는 히츠마부시ひつまぶし 라는 다른 이름으로
부른다. 히츠마부시는 일반적인 우나기동과는 겉모습부터 먹는

타이완 라멘(좌)과 앙카케 스파(우).

방법까지 차이가 있다. 히츠마부시는 밑에 깔린 밥이 보이지 않을 만큼 우나기를 그릇에 가득 채워 넣는 게 특징이다. 그리고 주걱을 사용해 4등분을 해서 먹는다. 첫 번째는 우나기와 밥만을 먹는다. 두 번째는 파, 김, 와사비 등의 양념을 얹어서 먹는다. 이러한 양념을 야쿠미薬味라고 한다. 세 번째는 야쿠미를 얹은 채로 국물을 부어서 먹는다. 네 번째는 세 가지 방법 중 좋아하는 방법으로 마무리를 하면 된다. 토스트 위에 단팥을 올린 오구라토스트小倉ト ースト와 소스를 바른 닭날개 튀김요리인 테바사키手羽先도 나고야 메시를 말할 때 빠지지 않는 메뉴다.

나고야의 식문화 중 마지막으로 소개할 것은 카페문화다. 일본어로는 '찻집 문화'라는 의미의 킷사텐분카喫茶店文化라고 한다.

나고야의 우나기덮밥인 히츠마부시.

나고야에는 대략 4천여 개의 카페가 있는 것으로 알려져 있는데 전체 음식점의 약 40%가 카페다. 특히 나고야의 카페들은 커피 한 잔 가격에 가벼운 식사를 함께 제공하는 '모닝메뉴'로 유명하다. 오전 11시 이전에 커피를 시키면 토스트, 삶은 계란, 죽, 주먹밥, 우동 같은 가벼운 식사가 덤으로 딸려 나온다. 일부 카페에서는 이런 모닝 서비스를 아예 풀타임으로 제공하기도 한다. 또한 푹신한 의자와 신문, 잡지, 만화책 등을 갖추어 놓고 손님들이 편히 쉴 수 있도록 한다. 나고야에서 카페란 밥 먹으러 가고, 쉬러 가는 일상생활 공간의 일부로 가족끼리 가는 경우도 흔하다.

일본 어느 도시에서나 볼 수 있는 '코메다 커피점コメダ珈琲店'은 나고야 카페를 상징하는 프랜차이즈다. 나고야에서 1968년에 창업해 현재 일본 전국에 900개 이상의 점포가 있다. 나고야 시내

ⓒ公益財団法人名古屋観光コンベンションビューロー

테바사기(좌)와 오구라토스트(우).

에서만 9개의 점포를 운영중인 콘파루コンパル도 유명하다. 1947년에 창업해 70년이 넘는 역사를 가진 이 카페는 특히 다양한 종류의 샌드위치로 정평이 나 있다. 카페 문화와는 조금 다르지만 나고야시에는 여름철 한정으로 비어가든ビアガーデン이라는 맥주 뷔페를 하는 곳이 많다.

나고야 카페 문화의 상징, 코메다 커피점.

역사 유적지, 나고야성과 아츠타신궁

나고야시의 역사 유적지로는 나고야성과 아츠타신궁이 유명하다. 나고야시 나카구名古屋市中区에 있는 나고야성名古屋城은 1600년 세키가하라 전투 이후에 도쿠가와 이에야스가 서쪽의 도요토미 세력을 견제하고 전국 통일의 포석으로 삼기 위해 축성했다. 이후 메이지 유신이 일어난 1800년대 후반까지 도쿠가와 가문의 성으로 영화를 누렸다. 나고야성은 일본에서 가장 먼저 국보로 지정된

나고야성.

성이기도 하다. 나고야성의 주요 뷰포인트는 쇼군의 숙소로 사용
된 혼마루고텐本丸御殿, 상상의 동물 샤치シャチ 모형, 나고야 시내
를 한눈에 조망할 수 있는 천수각 전망실 등이다. 성내에 전시된
각종 무구武具류와 화려한 벽화들도 빼놓을 수 없다.

샤치는 나고야성에서 가장 인기 있는 볼거리다. 머리는 호랑
이, 몸통은 물고기 형태이며 꼬리 지느러미는 하늘을 향해 있는

혼마루고텐.

상상의 동물로 암수 한쌍이다. 일본의 성과 사원에서 장식물로 사용되는 샤치는 나무, 돌, 금속 등 다양한 재료로 만들어진다. 그런데 나고야성의 샤치는 금박을 입혔다고 하여 '킨샤치金シャ チ'라고 부른다. 금박을 입힌 킨샤치는 나고야성을 비롯해 오사카성, 에도성 등에 있었는데 본

나고야성 내부에 있는 킨샤치 모형.

래의 것들은 소실되고 현존하는 킨샤치는 모두 복원된 것이다. 나고야성의 천수각에 있는 킨샤치에는 약 88kg의 순금이 사용되었다고 한다.

나고야시 아츠타구熱田区에 있는 아츠타신궁熱田神宮은 서기 113년 게이코 일왕 시대에 창건된 유서 깊은 신사다. 일본의 신사 중 이세신궁 다음으로 오래된 신사인 아츠타신궁은 1,900년이 넘는 유구한 역사를 가지고 있다. 도카이東海 지방을 대표하는 신사인 아츠타신궁은 미에현의 이세신궁, 도쿄의 메이지신궁明治神宮과 함께 일본 3대 신궁으로 분류되기도 한다. 아츠타신궁은 일본 왕실의 삼종신기三種の神器 중 하나인 쿠사나기노미츠루기草薙神剣라는 검劍을 신체神体로 숭배한다. 남쪽의 정문에서 북쪽의 본궁까지 이어지는 세이산도正参道를 걷다보면 보물관宝物館이 나온다. 국보

아츠타신궁의 본궁.

사진 중앙의 뒤쪽에 보이는 나무가 오오쿠스노키다.

와 중요문화재들이 다수 소장되어 있다. 검을 숭배하는 신사인만큼 도검류가 많다.

　보물관 인근에는 수령 1,000년 이상으로 추정되는 큰 녹나무, 오오쿠스노키大楠가 있다. 시즈오카현의 슈젠지를 창건한 승려 구카이가 직접 심었다는 전설이 내려오는 나무다. 조금 더 걸으면 노부가나의 담인 노부나가베이信長塀가 나온다. 1560년 오케하자마 전투 때 노부나가는 아츠타신궁에서 필승을 기원했는데 그 전투에서의 승리를 기념해 기와 토담을 봉납했다고 한다. 본궁 바로 옆에는 시민들의 기도처이자 무당 음악을 하는 장소인 카구라덴神楽殿이 있다. 아츠타신궁을 찾아오는 방문객 수는 새해 첫 참배初詣에만 200만 명 이상이다. 연간 방문자 수는 700만 명을 상회한다. 6만 평의 광활한 부지에 수령 수백 년의 나무들이 우거져 있는 아츠타신궁은 나고야 시민들의 휴식처로도 사랑받고 있다.

아츠타신궁의 카구라덴.

나고야의 최대 번화가 사카에 지구

나고야시의 중심부인 나카구中区에는 나고야의 최대 번화가인 사카에榮 지구가 조성되어 있다. 사카에 지구에 있는 히사야오도리 공원久屋大通公園은 길이 약 2km, 평균 폭 80m의 도시공원 겸 중앙 분리대이다. 공원은 4개의 구역으로 나뉘며 각각의 구역에는 나고야시와 자매결연을 맺은 LA, 멕시코, 난징, 시드니의 테마 광장이 조성되어 있다. 히사야오도리 공원 내부와 주변으로는 나고야의 핵심 볼거리들이 밀집해 있다.

첫 번째 볼거리는 중부전력 MIRAI 타워中部電力 MIRAI TOWER다. 1954년에 아날로그 TV전파탑으로 세워졌으나 현재는 운영을 종료하고 파리의 에펠탑처럼 나고야시의 상징물이 되어 있다. 탑의 높이는 지상 180m에 이르며 90m지점에는 전망 시설인 스카이데크가 있다. 커다란 창문으로 시내 전경은 물론, 날씨가 맑은 날에는 기후현, 미에현, 시가현을 지나는 스즈카산맥鈴鹿山脈까지 조망할 수 있다. 주말과 공휴일에는 스카이데크까지 걸어 올라갈 수 있는 계단이 개방된다. 지상 100m 지점에는 야외 발코니 시설인 스카이발코니가 있다. 밤이 되면 화려한 야경을 감상하기 위해 연인들이 모여드는 나고야시의 대표적인 명소다.

두 번째는 MIRAI 타워 인근에 있는 테마공원 오아시스21オア

シス21이다. '물의 우주선'을 형상화한 거대한 원반형 조형물이 있는 곳이다. 조형물 옥상에는 물이 흐르는 공중 정원이 조성되어 있다. 가볍게 공중 정원 산책을 하면서 시내 풍경을 감상할 수 있다. 지상에는 '녹색의 대지緑の大地'라고 이름 붙여진 공원이 조성되어 있다. 공원에는 각종 꽃과 수목, 잔디밭이 있다. '은하의 광장銀河の広場'으로 이름 붙여진 지하에는 중앙광장 주변으로 30여 개의 점포가 들어서 있다. 겨울철에는 아이스링크가 설치된다. 오아시스21 역시 밤이 되면 라이트업 행사로 인해 더욱 화려한 모습으로 변한다. 특히 MIRAI 타워와 오아시스21이 조화를 이루고 있는 모습은 유명한 사진 명소다.

세 번째는 관람차가 붙어 있는 엔터테인먼트 빌딩, 선샤인 사카에サンシャインサカエ다. 이 빌딩은 나고야에서 탄생한 아이돌 그룹 SKE48의 본거지다. 빌딩 2층에 SKE48의 공연과 이벤트 행사 등을 여는 SKE48 극장이 있다. 3층에는 사카에 지구의 상징물 중 하나인 관람차 '스카이보트Sky Boat'의 탑승장이 있다. 이 관람차는 전면이 유리로 되어 있어, 타고 있으면 마치 공중에 떠 있는 듯한 느낌이 든다. 이외에도 사카에 지구는 유명 백화점의 집결지이기도 하다. 특히 '나고야의 3M'이라고 불리는 마츠자카야松坂屋, 마루에이丸栄, 미츠코시三越 백화점이 유명하다. 그 밖에도 LACHIC, PARCO 등 최신 트렌드를 주도하는 젊은 감각의 백화점들도 많다.

중부전력 MIRAI 타워와 오아시스21.

사찰과 상점의 거리, 오스와 카쿠오잔

사카에 지구에서 약 2km 떨어져 있는 오스大須는 약 1,200개의 점포가 밀집한 상점 거리다. 레트로한 상점들이 많아 사카에와는 사뭇 다른 분위기이다. 오스 지역 관광의 출발점은 오스칸논大須観音이다. 오스칸논은 오스칸논역大須観音駅을 나가면 바로 만나게 되는 사찰이다. 칸논観音이란 '관세음보살'의 준말이다. 즉, 오스칸논은 관세음보살을 모시고 있는 사찰이다. 아이치현의 오스칸논은 도쿄의 아사쿠사칸논, 미에현의 츠칸논과 함께 일본 3대 칸논日本三大観音이다. 1333년 기후현에서 창건되었다가 1612년 도쿠가와 이에야스의 명에 의해 현재의 위치로 옮겨졌다. 주황색의 화려한 외관을 자랑하며 경내에는 일본에서 가장 오래된 역사서인 《고지키古事記》의 가장 오래된 사본을 비롯해 중요한 서적을 다수 소장하고 있는 마후쿠지 문고真福寺文庫가 있다.

　오스칸논에서 시작되는 오스 상점가는 다채로운 매력을 지닌 곳이다. 유서 깊은 노포부터 최신 유행을 선보이는 가게까지 신구 조화가 돋보인다. 거리마다 조성된 상점가는 대부분 지붕이 딸린 아케이드형인데 상점가마다 각각의 이름이 있다. 본래 오스는 도쿄의 아키하바라, 오사카의 니혼바시에 버금가는 전자상가 밀집 거리로 유명한 곳이었다. 지금도 다이이치아메요코 빌딩第1ア メ横

ビル 같은 유명한 전자상가들이 있다. 현재는 전자상가 외에도 다양한 음식점, 카페, 빈티지 패션샵 등 먹을거리와 볼거리가 매우 많다. 최근에는 한국 음식을 취급하는 가게도 많이 생겨났다. 오스 상점가는 아케이드형인 덕분에 비가 와도 지장 없이 둘러볼 수 있는 장점이 있다.

오스칸논.
☎ 460-0011 愛知県名古屋市中区大須2-21-47
9:00~17:00 +81 52 231 6525

나고야시 치쿠사구名古屋市千種区에 위치한 카쿠오잔覚王山 지역도 개성 있는 상점 거리로 유명한 곳이다. 카쿠오잔역覚王山駅에서 이 지역의 사찰인 닛타이지日泰寺까지 이어지는 거리에 잡화점, 제과점, 카페 등이 즐비하다. 매월 21일에는 이 일대에 장이 서서, 차량이 통제된 길거리에 값싸고 맛있는 음식을 파는 포장마차들이 들어선다. 카쿠오잔 상점 거리의 끝에 있는 닛타이지는 일본과 태국의 우호관계를 위해 1904년에 창건된 사찰이다. 태국에서 우호의 증표로 증여받은 석가모니의 사리를 보관하고 있는 일본 유일의 사찰이기도 하다. 또한 일본의 사찰 중 유일하게 어떤 종파에도 속해 있지 않은 초종파이다. 카쿠오잔 역시 오스와 마찬가지로 사찰을 중심으로 조성된 상점 거리라고 할 수 있다.

닛타이지의 본전과 오중탑.
☎ 464-0057 愛知県名古屋市千種区法王町1-1

스포츠의 도시 나고야

나고야는 스포츠의 도시다. 중고등학교의 클럽 활동부터 프로팀까지 스포츠 활동이 매우 활발하다. 나고야를 연고지로 하는 명문 프로야구단인 '주니치 드래곤즈'는 한국의 유명 선수들이 거쳐간 팀이기도 하다. 나고야에서 선수생활을 하던 시절 선동열 선수의 별명은 그의 성을 딴 '나고야의 태양SUN'이었다. 주니치 드래곤즈의 홈구장인 반테린 돔バンテリンドーム은 나고야를 상징하는 여러 장소 중 하나이다. 프로축구 1부 리그 팀인 나고야 그램퍼스 역시 다수의 한국 선수들이 거쳐간 팀이다. 나고야는 특히 여자 농구의 인기가 높은 도시다. 여자 프로농구의 명문 구단인 토요타자동차 안테로프스, 미츠비시전기 코알라즈의 연고지가 나고야이다. 또한 고등학교 여자 농구의 절대 강자인 오카가쿠엔 고등학교도 나고야시에 있다. 남자 프로농구 1부리그 팀인 나고야 다이아몬드 돌핀스도 있다.

　나고야는 피겨스케이팅으로도 유명하다. 일찍부터 자동차 산업이 발전해 부유한 중산층이 많은 점, 아이스링크가 밀집되어 있는 환경 등이 피겨스케이팅이 활성화된 배경으로 꼽힌다. 일본인 최초의 올림픽 피겨스케이팅 메달리스트인 이토 미도리를 비롯해 아사다 마오, 안도 미키, 우노 쇼마 등 유명 선수들이 모두 나고야

출신이다. 2013년에는 나고야의 피겨스케이팅 이야기를 다룬 〈스케이트화의 약속〉이라는 드라마가 방영되기도 했다. 참고로 아이치현은 1988년 캘거리 동계올림픽 이후 나가노 동계올림픽을 제외한 7번의 동계올림픽에 모두 피겨 일본 국가대표 선수를 배출한 바 있다. 그래서 아이치현을 '피겨의 왕국'이라고 부른다.

주니치 드래곤즈의 홈구장 반테린 돔 나고야.

©公益財団法人名古屋観光コンベンションビューロー

아이치현의 관광도시 이누야마

아이치현의 북단에 있는 이누야마시犬山市는 인구 약 7만여 명이
사는 소도시다. 그럼에도 몇몇 관광 자원 덕분에 아이치현에서는
나고야시 다음으로 잘 알려진 도시다. 이누야마시는 에도 시대에
이누야마성犬山城의 조카마치城下町로 발전한 곳이다. 나고야역에
서 이누야마역까지는 메이테츠 전철로 30분 정도 소요된다. 주요
관광지로는 이누야마성을 비롯해 메이지무라, 리틀월드 같은 야
외 테마파크가 있다.

이누야마성은 오다 노부나가의 숙부인 오다 노부야스織田信
康에 의해 1537년에 건축된 성으로 일본의 '국보 5성' 중 하나다.
국보 5성이란 일본의 성 중 건축 당시의 천수각이 지금까지 그대
로 보존된 5개의 성을 말한다. 이누야마성을 비롯해 효고현의 히
메지성姬路城, 시가현의 히코네성彦根城, 나가노현의 마츠모토성松
本城, 시마네현의 마츠에성松江城이 그것이다. 특히 이누야마성의
천수각은 국보 5성의 천수각 중 현존하는 일본 최고最古의 천수각
이다.

박물관 메이지무라博物館明治村는 메이지 시대를 테마로 한 야
외박물관이다. 실제 메이지 시대의 건축물들을 전국에서 수집해
이축해 조성한 곳으로 부지 면적이 약 100만 ㎡에 이를 만큼 방대

이누야마성의 천수각. 성 자체의 규모는 아담하다.

하다. 메이지무라의 상징적인 건물인 테이코쿠 호텔 중앙현관帝国
ホテル中央玄関은 현대건축의 3대 거장으로 꼽히는 미국의 프랭크 로
이드 라이트가 20세기 초에 설계한 건물이다. 그 밖에 1907년 교
토에 세워졌던 성요한 교회당聖ヨハネ教会堂이나 메이지 시대 당시
의 증기기관차, 문인들의 집, 학교, 병원 등이 이축, 조성되어 있다.
　　야외민족박물관 리틀월드野外民族博物館 リトルワールド는 일본을
비롯한 세계의 가옥과 생활을 주제로 조성된 대형 야외 테마파크

다. 이곳의 부지 면적은 약 123만 ㎡로, 부지 일부가 아이치현에서 기후현까지 넘어갈 만큼 방대한 규모를 자랑한다. 특히 이곳에 있는 외국의 가옥들은 실제 외국의 전통 건축물을 매입해 이축한 것이다. 이곳에서는 건축물을 관람할 뿐만 아니라 외국의 민족의상과 식생활도 체험할 수 있다.

©kanonn, on flickr

메이지무라의 상징적인 건물인 테이코쿠 호텔 중앙현관.

©Toby Oxborrow, on flickr

리틀월드에 있는 홋카이도 아이누 부족의 가옥(위)과 오키나와의 가옥(아래).

아이치현 여행하기

여행하기

아이치현 여행에 앞서

아이치현의 관광 지역은 나고야시와 이누야마시를 필두로 아이치현에서 면적이 가장 넓은 토요타시豊田市와 치타반도에 위치한 치타시知多市, 토코나메시常滑市, 한다시半田市 등을 꼽을 수 있다. 아이치현의 여러 도시 중, 한국인들이 많이 찾는 나고야시와 이누야마시를 중심으로 아이치현의 대표 관광지를 소개한다.

아이치현 여행의 출발점은 기후현과 마찬가지로 츄부국제공항中部国際空港이다. 츄부 국제공항은 아이치현 토코나메시에 있으며 나고야시와도 가깝다.

아이치현의 개요

총면적
약 5,165㎢ (충청북도 약 7,407㎢, 전라남도 8,070㎢)

총인구
약 742만 명 (2023년 2월 기준 서울특별시 인구 약 942만 명)

현청소재지
아이치현 나고야시 나카조 산노마루 3가 1번 2호
(愛知縣名古屋市中區三の丸3丁目1番2號)

지역구성
38개의 시(市), 14개의 정(町)

현 꽃
제비붓꽃

아이치현

이누야마시

나카구   치쿠사구

아츠타구

미나토구

나고야시

나고야역과 주변 고층빌딩들

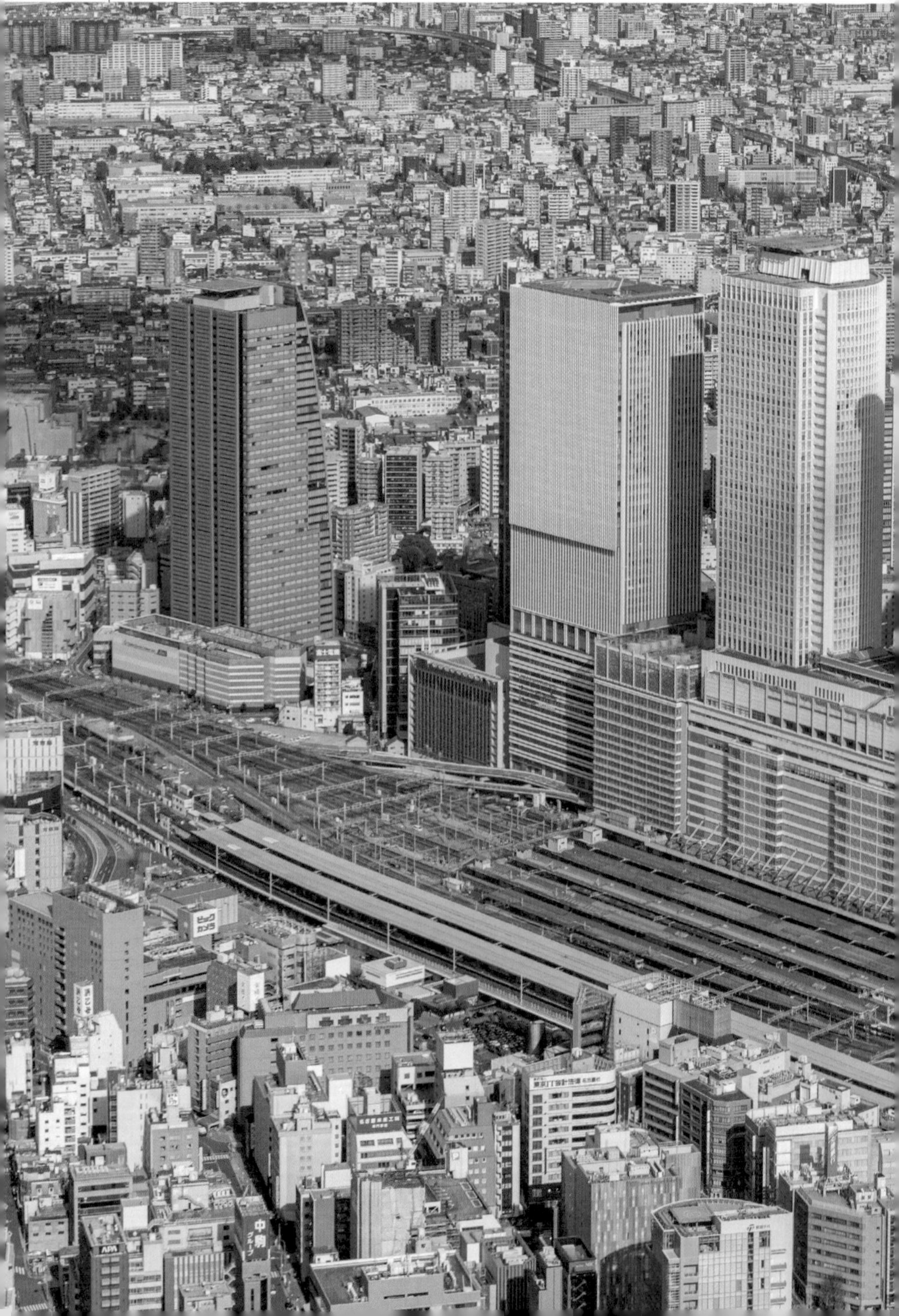

나고야시 대표 명소

©Kazuhisa OTSUBO, on flickr

야바톤 야바쵸 본점
矢場とん矢場町本店

나고야메시의 대표주자인 미소카츠의 원조 가게.

☎460-0011 愛知県名古屋市中区大須3-6-18
11:00~21:00 +81 50 5494 5371

코요엔 浩養園

1931년 창업한 음식점으로, 삿포로맥주& BBQ 레스토랑. 나고야 맥주정원(名古屋ビール園)이라고도 한다. 나고야 최대 맥주 가게로 6~8월에는 맥주 축제인 '비어가든'을 개최한다.

☎464-0858 愛知県名古屋市千種区千種2-24-10
+81 52 741 0211

나고야 여행에서 빠질 수 없는 나고야메시 맛집

나고야의 별미 간식 닭날개 튀김, 테바사키

©kimishowota, on flickr

후라이보 에스카점(風来坊 エスカ店)

1963년 테바사키를 처음 개발한 가게인 후라이보는 테바사키의 원조 가게이다.
☎453-0015 愛知県名古屋市中村区椿町 6-9 名駅新幹線エスカ地下街
11:00~22:00 +81 52 459 5007

©katsuu 44, on flickr

세카이노야마짱 본점(世界の山ちゃん 本店)

후발주자인 세카이노야마짱은 테바사키를 대중화시킨 것으로 유명하다.
☎460-0008 愛知県名古屋市中区栄3丁目9-6 世界の山ちゃん本店
16:00~23:15(변동 가능) +81 52 242 1342

나고야에서 빠질 수 없는 유명 카페

©Kanesue, on flickr

코메다커피(コメダ珈琲店)

코메다커피는 1968년 나고야에서 '카페 모닝 세트'를 처음 시작한 원조 카페다.
☎453-0015 愛知県名古屋市中村区椿町6-9 エスカ地下街内
7:00~21:00 +81 52 454 3883

©Yuichi Sakuraba, on flickr

콘파루 오스 본점(コンパル 大須本店)

1947년 창업한 이후 나고야시의 카페 문화를 견인한 가게로 새우튀김 샌드위치가
이 가게의 대표 메뉴다.
☎460-0011 愛知県名古屋市中区大須3丁目2 0-19 コンパル大須店
8:00~19:00 +81 52 241 3883

©公益財団法人名古屋観光コンベンションビューロー

도쿠가와엔 徳川園

도쿠가와 가문의 저택 부지를 이용해 조성한 정원. 넓은 연못과 폭포 등 자연을 축소해 놓은 전형적인 일본식 정원으로 사계절 아름다운 풍경을 자랑한다.

☎ 461-0023 愛知県東区徳川町1001
9:30~17:30 (월 휴무)
+81 52 935 8988

©公益財団法人名古屋観光コンベンションビューロー

닛타이지 日泰寺

일본과 태국의 우호를 위해 창건된 사찰.사찰 주변은 상점거리로 유명한 카쿠오잔(覚王山) 지역이다.

☎ 464-0057 愛知県名古屋市千種区法王町1-1
+81 52 751 2121

©Kanesue. on flickr

아츠타신궁 熱田神宮

1900여 년 전에 건축된 신사로 일본에서 이세신궁 다음으로 두 번째로 유서 깊은 신사. 연간 약 700만명의 방문한다.

☎ 456-8585 愛知県名古屋市熱田区神1-1-1
+81 52 671 4151

토요타산업기술기념관
トヨタ産業技術記念館

토요타 그룹의 역사와 기술을 보고 듣고 체험할 수 있는 박물관. 규모가 크고 볼거리가 많다.

☎451-0051 愛知県名古屋市西区則武新町4-1-35
9:30~17:00 (월 휴무)
+81 52 551 6115

노리타케 정원 ノリタケの森

일본을 대표하는 도자기 회사인 노리타케(Noritake)가 창립 100주년을 기념해 세운 체험형 박물관.

☎451-8501 愛知県名古屋市西区則武新町3-1-36
9:00~19:00 +81 52 561 7114

히가시야마 동식물원 東山動植物園

다양한 생태종을 모아놓은 80년 역사의 동식물원.

☎464-0804 愛知県名古屋市千種区東山元町3-70
9:00~16:30 (월 휴무) +81 52 782 2111

나고야항 수족관 名古屋港水族館

세계에서 가장 큰 야외 수조가 있고, 벨루가, 범고래, 돌고래의 트레이닝 쇼가 유명한 수족관.

☏ 455-0033 愛知県名古屋市港区港町1-3
9:30~17:00 (월 휴무) +81 52 654 7080

레고랜드 재팬
LEGOLAND Japan

2017년에 개장한 일본 유일의 레고 테마파크.

☏ 455-8605 愛知県名古屋市港区金城ふ頭2-2-1
10:00~16:00 +81 570 05 8605

리니어 철도관 リニア·鉄道館

2011년에 개관한 철도박물관. 재래식 열차에서부터 자기부상열차까지 일본 철도의 역사와 미래를 볼 수 있는 곳.

☏ 455-0848 愛知県名古屋市港区金城ふ頭3-2-2
10:00~17:30 (화 휴무) +81 52 389 6100

이누야마성 犬山城

현존하는 가장 오래된 천수각을 가진 일본의 국보.

☎484-0082 愛知県犬山市犬山北古券65-2
+81 56 861 1711

TIP

나고야시 근교에 있는 필수 관광지, 지브리 테마파크

지브리 스튜디오의 작품 속 세계관을 직접 관람하고 체험할 수 있는 테마파크다. 2022년 11월 1일 '청춘의 언덕', '지브리 대창고', '돈도코의 숲' 세 구역을 시작으로 2023년 가을 '모노노케의 마을', 2024년 봄 '마녀의 계곡'이 추가로 개장될 예정이다. 도쿄 디즈니랜드의 4배에 달하는 크기지만, 놀이 시설이 없고 지형을 그대로 살려 숲길을 보존한 것이 특징이다. 티켓 예매는 정해진 날짜에 예약판매로 미리 구매해야 하며, 티켓에 따라 입장 시간을 지켜야 하는 경우가 있어 내용을 꼼꼼히 확인해야 한다.

☎愛知県長久手市茨ケ廻間乙1533-1 內 Expo 2005 Aichi Commemorative Park (Moricoro Park)
10:00~17:00 +81 570 089 154

우라쿠엔 정원 有楽苑

이누야마성에서 도보 10분 거리로, 정원 내부에 일본의 국보 다실인 조안(如庵)이 있다.

☎ 484-0081 愛知県犬山市御門先1番地 +81 56 861 4608
9:30~17:00 +81 56 861 4608

©Yusuke Kawasaki, on flickr

야외박물관 리틀월드 リトルワールド

전 세계의 의식주 문화를 보고 체험할 수 있는 야외박물관.

☎ 484-0005 愛知県犬山市今井成沢
10:00~16:00 (변동 가능)
+81 568 62 5611

©dennis bloodnok, on flickr

메이지무라
博物館明治村

메이지 시대를 테마로 당시 문화와 생활을 관람하고 체험할 수 있는 야외박물관.

☎ 484-0000 愛知県犬山市内山 1番地
+81 56 867 0314

에필로그
시즈오카현에서 일상의 여유를 찾다

일본은 제법 큰 국토를 가진 나라인 만큼 지역마다 기후, 사람, 음식 등의 특색이 뚜렷한 편이다. 도카이 지방은 자연이 풍부하고 온난한 기후를 가지고 있다. 시즈오카현과 기후현의 북부 산간지대를 제외하면 눈이 거의 내리지 않는다. 도카이 지역 도시들의 특징을 한 마디로 말하면 '도시와 시골의 조화'라고 할 수 있을 것이다. 완전한 도시도, 완전한 시골도 아니어서 도시의 편리함과 시골의 여유로움을 모두 누릴 수 있는 장점이 있다. 도카이 지역은 신칸센을 이용하면 1시간 정도로 도쿄나 오사카에 접근할 수 있기 때문에 대도시 생활에 지친 사람들이 많이 이주해 오는 곳이다.

특히 필자가 살고 있는 시즈오카시는 일본 내에서도 살기 좋은 도시로 손꼽힌다. 연중 따뜻한 날씨에 아름다운 바다와 야자수, 고즈넉한 상점들이 늘어선 풍경은 마치 휴양지에 와 있는 듯한 느낌을 준다. 환경은 사람의 성격에도 영향을 미치는 것 같다. 옛날부터 시즈오카현 사람들은 온화하고 느긋한 성격을 가진 것으로 유명했다. 일본은 무슨 일에든지 랭킹을 매기는 걸 좋아한다. 그래서 '온화한 성격을 가진 지역 랭킹'과 '느긋한 성격을 가진 지역 랭킹'이라는 게 존재한다. 이 두 부문(?)에서 시즈오카현은 일본의 47개 도도부현 중 1~3위를 다투는 곳이다. 시즈오카현의 라이벌은 홋카이도와 오키나와뿐이다. 물론 과학적인 물증은 없지만 '시즈오카현 사람들은 온화하고 느긋하다'라는 인식만큼은 견고한 듯 하다. 시즈오카현에 살고 있는 필자의 경험도 다르지 않다. 신경질적이거나 서두르는 사람들을 거의 보지 못했다. 시즈오카현은 그런 면에서 사람 살기 좋은 곳일 것이다.

시즈오카현은 지리적인 조건이 우리나라의 충청도와 유사하다. 수도권과 지방 대도시 사이에 위치해 있는 점이 그렇고 바다와 면하고 있는 점 또한 그렇다. 게다가 충청도 사람들 역시 '성격이 느긋하다'는 인식이 있다는 점은 흥미롭다. 지역에 대한 선입관은 금물이지만 지금은 좋은 측면을 이야기하고 있는 것이니 이해를 부탁한다. 참고로 충청남도는 2013년부터 시즈오카현과 우호교류협정을 체결하고 친선교류를 이어오고 있다. 우리는 시즈오카현을 '일본의 충청도'라고 부르면 어떨까 싶다. 조금은 더 친밀하게 느껴지지 않을까?

2023년 3월, 박병춘

시즈오카 추천 호텔

JR시즈오카역 주변 호텔

▶ 시즈오카역 북쪽출구(北口) 방향

① 호텔아소시아 시즈오카(ホテルアソシア静岡): 4성급

　☏420-0851 静岡県静岡市葵区黒金町56 ☎ 054-254-4141
　https://www.associa.com/sth

② 시즈테츠호텔 프레지오 시즈오카역 북쪽지점(静鉄ホテルプレジオ 静岡駅北): 3성급

　☏420-0857 静岡県静岡市葵区御幸町11-6 ☎ 054-252-2040
　http://www.hotel-prezio.co.jp/ekikita

③ 쿠레타케인프리미엄(くれたけインプレミアム): 3성급

　☏420-0859 静岡県静岡市葵区栄町1-15 ☎ 054-252-1111
　http://www.kuretake-inn.com/szok

▶ 시즈오카역 남쪽출구(南口) 방향

⑤ 호텔그랜드힐스 시즈오카(ホテルグランヒルズ静岡): 4성급

　☏422-8575 静岡県静岡市駿河区南町18-1 ☎ 054-284-0111
　https://grandhillsshizuoka.jp

⑥ 호텔프리베 시즈오카(ホテルプリヴェ 静岡): 3성급

　☏422-8067 静岡県静岡市駿河区南町8-5 ☎ 054-281-7300
　https://www.hotel-prive.com

⑦ 호텔캡슐 인 시즈오카(HOTEL CAPSULE INN SHIZUOKA): 가성비 호텔

　☏422-8067 静岡県静岡市駿河区南町2-24 ☎ 054-284-5552
　https://capsuleinn-shizuoka.jp

⑧ 도요코인시즈오카 남쪽출구점(東横INN静岡駅南口): 가성비 호텔

　☏422-8066 静岡県静岡市駿河区泉町3-24 ☎ 054-654-1045
　https://www.toyoko-inn.com/korea/index

JR하마마쓰역 주변 호텔

① 오쿠라액트시티호텔하마마쓰(オークラアクトシティホテル浜松): 4성급
　☏430-7733 静岡県浜松市中区板屋町111-2 ☎ 053-459-0111
　https://www.act-okura.co.jp

② 다이와로이넷호텔하마마쓰(ダイワロイネットホテル浜松): 3성급
　☏430-0927 静岡県浜松市中区旭町9-1 ☎ 053-455-8855
　https://www.daiwaroynet.jp/hamamatsu

③ 호텔크라운파레스하마마쓰(ホテルクラウンパレス浜松): 3성급
　☏430-8511 静岡県浜松市中区板屋町110-17 ☎ 053-452-5111
　https://www.crownpalais.jp/hamamatsu

④ 호텔LiVE MAX(ホテルリブマックスBUDGET浜松駅前): 3성급
　☏430-0933 静岡県浜松市中区鍛冶町1-2, 6F ☎ 053-455-0118
　https://www.hotel-livemax.com/shizuoka/hamamatsust

⑤ 호텔소릿소하마마쓰(ホテル ソリッソ浜松): 3성급
　☏430-0926 静岡県浜松市中区砂山町322-7 ☎ 053-452-5000
　http://www.hotelsorriso.jp

⑥ 하마마쓰스테이션호텔(浜松ステーションホテル): 3성급
　☏430-0926 静岡県浜松市中区砂山町325-28 ☎ 053-456-4002
　http://www.kuretake-inn.com/hamamatsu-sth

⑦ 호텔어센트하마마쓰(ホテルアセント浜松): 3성급
　☏430-0926 静岡県浜松市中区砂山町353-1 ☎ 053-454-0330
　https://hpdsp.jp/ascent-hamamatsu

⑧ 컴포트호텔하마마쓰(コンフォートホテル浜松): 3성급
　☏430-0926 静岡県浜松市中区砂山町353-5 ☎ 053-450-6111
　https://www.choice-hotels.jp/hotel/hamamatsu

하마나코 주변 호텔

① 호텔 웰시즌 하마나코(ホテルウェルシーズン浜名湖): 3성급

　칸잔지 온천마을 인근 호텔

　✆431-1209 静岡県浜松市西区舘山寺町1891 ☎ 053-487-1111

　https://wellseason.jp

② 칸잔지 사고로열 호텔(かんざんじ温泉 サゴーロイヤルホテル): 3성급

　칸잔지 온천마을 인근 호텔

　✆431-1209 静岡県浜松市西区舘山寺町3302 ☎ 053-487-0711

　https://www.3535.co.jp/royal

③ 산스이칸킨류(山水館欣龍): 칸잔지 온천마을 인근 고급 료칸풍 호텔

　✆431-1209 静岡県浜松市西区舘山寺町2227 ☎ 053-487-0611

　http://www.sansuikankinryu.com

④ 토키와스레카이카테이(時わすれ開華亭): 2성급

　칸잔지 온천마을 인근 호텔

　✆431-1209 静岡県浜松市西区舘山寺町412 ☎ 053-487-0208

　http://www.kaikatei.com

⑤ 다이와 로열호텔 더하마나코(ダイワロイヤルホテルTHE HAMANAKO): 4성급

　하마나코 남쪽

　✆431-0101 静岡県浜松市西区雄踏町山崎4396-1 ☎ 053-592-2222

　https://www.daiwaresort.jp/hamanako/index.html

⑥ 하마나코 리조트&스파더오션(浜名湖リゾート&スパTHE OCEAN): 3성급

　하마나코 남쪽

　✆431-0214 静岡県浜松市西区舞阪町舞阪3285-88 ☎ 053-592-1155

　http://www.kts-the-ocean.com

⑦ 호텔리스텔하마나코(ホテル リステル浜名湖): 3성급

　하마나코 서쪽

　✆431-1424 静岡県浜松市北区三ヶ日町下尾奈2251-38 ☎ 053-525-1222

　http://www.listel-hamanako.jp

⑧ 호텔그린플라자 하마나코(ホテルグリーンプラザ浜名湖): 3성급

하마나코 북쪽

☎431-1401 静岡県浜松市北区三ヶ日町佐久米1038 ☎ 053-526-1221

https://www.hgp.co.jp/hamanako

⑨ 하마나코레이크사이드플라자(浜名湖レークサイドプラザ): 3성급

하마나코 북쪽

☎431-1424 静岡県浜松市北区三ヶ日町下尾奈200 ☎ 053-524-1311

https://www.h-lsp.com

⑩ 슈퍼호텔하마마쓰(スーパーホテル浜松): 저렴한 호텔

하마나코에서는 조금 떨어져 있음.

☎432-8038 静岡県浜松市中区西伊場町58-7 ☎ 053-451-9000

http://www.superhotel.co.jp/s_hotels/hamamatsu

아타미시 온천호텔

① 아타미 고라쿠엔 호텔(熱海後楽園ホテル): 3성급

☎413-8626 静岡県熱海市和田浜南町10-1 ☎ 055-781-0041

http://www.atamikorakuen.co.jp

② 카메노이 호텔 아타미(亀の井ホテル 熱海): 4성급

☎413-0016 静岡県熱海市水口町2-12-3 ☎ 055-783-6111

https://www.kanponoyado.japanpost.jp/atami

③ 호텔 오오노야(ホテル大野屋): 3성급

☎413-0023 静岡県熱海市和田浜南町3-9 ☎ 0570-024-780

https://www.itoenhotel.com/hoteloonoya

④ LiVE MAX 리조트 아타미 오션(リブマックスリゾート熱海Ocean): 21년 5월에 오픈한 리조트

☎413-0014 静岡県熱海市渚町22-8 ☎ 055-781-1150

https://www.livemax-resort.com/shizuoka/atami-ocean

⑤ 브리즈베이 시사이드 리조트 아타미(ブリーズベイ シーサイドリゾート熱海): 3성급

☎413-0003 静岡県熱海市海光町7-79 ☎ 055-785-0280

https://breezbay-group.com/bbs-atami

⑥ 하토피아 아타미(ハートピア熱海): 3성급

☎413-0002 静岡県熱海市伊豆山717-18 ☎ 055-780-4050

https://www.h-atami.com

⑦ 아타미 온천호텔 유메이로하(熱海温泉ホテル 夢いろは): 2성급

☎413-0019 静岡県熱海市咲見町4-6 ☎ 055-782-1151

https://yumeiroha-atami.jp

⑧ 아타미 온천호텔 미쿠라스(熱海温泉 HOTEL MICURAS): 4성급

☎413-0012 静岡県熱海市東海岸町3-19 ☎ 055-786-1111

https://www.micuras.jp

⑨ 호텔 아카오(HOTEL ACAO): 3성급

☎413-0033 静岡県熱海市熱海1993-65 ☎ 055-783-6161

https://www.acao.jp

시즈오카현 마츠리 70선 (날짜순)

	마츠리 이름	일정	개최지
1	시즈오카 센겐신사 첫참배(岡間神社 初詣)	1.1-3	시즈오카시
2	미시마 타이샤 첫참배(三嶋大社 初詣)	1.1-3	미시마시
3	아타미 매화공원 축제(熱海梅園梅まつり)	1.6-3.4	아타미시
4	아타미벚꽃 이토강 벚꽃축제(あたみ 川まつり)	1.20-2.11	아타미시
5	겨울의 복날 우나기축제(寒の土用うなぎまつり)	1.23	미시마시
6	카와즈 벚꽃축제(河津まつり)	2.10-3.10	카와즈쵸
7	남쪽 벚꽃과 유채꽃축제(みなみの と菜の花まつり)	2.10-3.10	미나미이즈쵸
8	하마마쓰 간코축제(浜松がんこ祭り)	3.10-11	하마마쓰시
9	비사문천 달마시장(毘沙門天大祭 だるま市)	2.11-13	후지시
10	이즈고원 벚꽃축제(伊豆高原まつり)	3.24-4.1	이토시
11	하마마쓰성 공원 벚꽃축제(浜松城公園さくらまつり)	3.25-4.8	하마마쓰시
12	아타미 장미페스티벌(熱海ロ ズフェスティバル)	3.25-7.13	아타미시
13	시즈오카 축제(岡まつり)	3.30-4.1	시즈오카시
14	하츠카에 축제(日 祭)	4.1-5	시즈오카시
15	엔슈요코스가미쿠마노신사 축제(遠州須賀三熊野神社大祭)	4.6-8	카케가와시
16	카와즈 바가텔공원봄장미축제(河津バガテル公園 春バラフェスティバル)	4.28-6.30	카와즈쵸
17	시즈오카 삼바카니발(シズオカ·サンバカ ニバル)	5.3-4	시즈오카시
18	하마마쓰 축제(浜松まつり)	5.3-5	하마마쓰시
19	시즈하마 기지항공축제(浜基地航空祭)	5.20	야이즈시
20	엔슈하마키타 비룡축제(遠州はまきた飛まつり)	5.26-27	하마마쓰시
21	봉래교 등롱축제(蓬 橋ぼんぼり祭り)	5.26-27	시마다시
22	요시와라기온 축제(吉原祇園祭)	6.9-10	후지시
23	믹카비 축제(三ヶ日まつり)	8.3-5	하마마쓰시
24	하마마쓰 칠석 유카타축제(浜松七夕ゆかた祭)	8.3-9	하마마쓰시

※출처: 마츠리비토(https://matsuribito.net)

25	카시마 불꽃축제(鹿島の花火)	8.4	하마마쓰시
26	오마에자키항 여름 불꽃축제(御前崎みなと夏祭花火大)	8.4	오마에자키시
27	시미즈항 축제 해상불꽃놀이(水みなと祭り 海上花火大)	8.5	시즈오카시
28	믹카비 불꽃축제(三ヶ日花火大)	8.5	하마마쓰시
29	후지에다 불꽃축제(藤枝花火大)	8.7	후지에다시
30	안진 축제(按針祭)	8.8-11	이토시
31	오오이강 큰 불꽃축제(大井川大花火大)	8.10	시마다시
32	후쿠로이엔슈 불꽃축제(ふくろい遠州の花火)	8.11	후쿠로이시
33	야이즈신사 축제 아라축제(津神社大祭 荒祭)	8.12-13	야이즈시
34	야이즈해상 불꽃축제(津海上花火大)	8.14	야이즈시
35	시모다 북축제(下田太鼓祭り)	8.14-15	시모다시
36	미시마 대축제(三嶋大祭り)	8.15-17	미시마시
37	후타마타 축제(二まつり)	8.18-19	하마마쓰시
38	이토온천 젓가락축제(伊東 泉箸まつり)	8.22	이토시
39	하마마쓰 디오라마그랑프리(浜松ジオラマグランプリ)	8.24-26	하마마쓰시
40	이와타 여름 불꽃축제(いわた夏まつり花火大)	8.25	이와타시
41	이즈반도 북 페스티벌(伊豆半島太鼓フェスティバル)	9.8	마츠자키쵸
42	미츠케텐진 알몸축제(見付天神裸祭)	9.9-16	이와타시
43	시즈테츠 전차축제(しずてつ電車まつり)	9.15-16	시즈오카시
44	미사쿠보 축제(みさくぼ祭り)	9.15-16	하마마쓰시
45	엔슈요코스가 치이네리(遠州 須賀 ちいねり)	9.16-17	카케가와시
46	히메나노사토 축제(名の里まつり)	9.22	후지시
47	하마마쓰컵 페스타삼바(浜松カップ フェスタ·サンバ)	9.30	하마마쓰시
48	후지에다 대축제(藤枝大祭り)	10.4-6	후지에다시
49	카케가와 축제(掛川祭)	10.5-8	카케가와시
50	오기신사 제전(息神社祭典)	10.6-7	하마마쓰시
51	후하치만구 제전(府八幡宮祭典)	10.6-7	이와타시
52	시마다 축제 띠축제(島田大祭 まつり)	10.8-10	시마다시

53	후쿠로이 축제(袋井祭り)	10.12-14	후쿠로이시
54	로큐샤신사 제전(六社神社祭典)	10.13-14	이와타시
55	엔슈카케츠카키부네신사 예제(遠州掛塚貴船神社例祭)	10.20-21	이와타시
56	키노에네 가을축제(甲子秋まつり)	10.20-21	후지시
57	슨푸 미코시 페스타(駿府みこしフェスタ)	10.21	시즈오카시
58	마이한다이 북축제(舞阪大太鼓まつり)	10.22-23	하마마쓰시
59	라쿠쥬엔 국화축제(圍 菊祭り)	10.30-11.30	미시마시
60	노상퍼포먼스월드컵in시즈오카(大道芸ワルドカップin 岡)	11.1-4	시즈오카시
61	하토리다신사 제전(服織田神社祭典)	11.2-4	마키노하라시
62	숲의 축제(森のまつり)	11.2-4	모리마치
63	후지노미야 축제(富士宮まつり)	11.3-5	후지노미야시
64	요사코이 도카이도(よさこい東海道)	11.10-11	누마즈시
65	하마마쓰 교자축제(浜松餃子まつり)	11.10-11	하마마쓰시
66	에어페스타 하마마쓰(エア・フェスタ浜松)	11.25	하마마쓰시
67	천문대 축제(天文台まつり)	12.8-9	하마마쓰시
68	칸잔지 불축제(山寺火祭り)	12.15	하마마쓰시
69	카스이사이 가을임 불축제(可睡 秋葉の火まつり)	12.15	후쿠로이시
70	슈요산아키하지 제전(秋葉山秋葉寺大祭)	12.15-16	하마마쓰시

참고문헌

まっぷる《静岡》　　昭文社
まっぷる《飛騨·高山》昭文社
まっぷる《愛知》　　昭文社

시즈오카 일본 소도시 산책

시즈오카현, 기후현, 나고야, 이누야마의
역사·문화로 떠나는 여행

초판 1쇄 발행 2023년 04월 06일

지은이 박병춘
펴낸이 박영미
펴낸곳 포르체

책임편집 김성아
편집팀장 임혜원 편집 김선아
마케팅 손진경 김채원
디자인 황규성

출판신고 2020년 7월 20일 제2020-000103호
전화 02-6083-0128 | 팩스 02-6008-0126
이메일 porchetogo@gmail.com
포스트 https://m.post.naver.com/porche_book
인스타그램 www.instagram.com/porche_book

ⓒ 박병춘(저작권자와 맺은 특약에 따라 검인을 생략합니다.)
ISBN 979-11-92730-33-2 (14980)
ISBN 979-11-91393-91-0 (세트)

여러분의 소중한 원고를 보내주세요.
porchetogo@gmail.com